Paul Caceres

Caracterización de la biota y plan de manejo ambiental del río Chico

Paul Caceres

Caracterización de la biota y plan de manejo ambiental del río Chico

Explorando el Mundo Subacuático: Caracterización y Manejo Ambiental del Río Chichico en Tarqui

Editorial Académica Española

Imprint
Any brand names and product names mentioned in this book are subject to trademark, brand or patent protection and are trademarks or registered trademarks of their respective holders. The use of brand names, product names, common names, trade names, product descriptions etc. even without a particular marking in this work is in no way to be construed to mean that such names may be regarded as unrestricted in respect of trademark and brand protection legislation and could thus be used by anyone.

Cover image: www.ingimage.com

Publisher:
Editorial Académica Española
is a trademark of
Dodo Books Indian Ocean Ltd. and OmniScriptum S.R.L publishing group

120 High Road, East Finchley, London, N2 9ED, United Kingdom
Str. Armeneasca 28/1, office 1, Chisinau MD-2012, Republic of Moldova, Europe
Printed at: see last page
ISBN: 978-613-9-40559-6

AGRADECIMIENTO

Expreso un sincero agradecimiento a todos quienes hicieron posible la culminación de la presente investigación:

De manera especial a mi madre que con su innegable sacrificio y amor, hizo que este proyecto de vida se haga realidad, así como también a mis abuelos y hermanos que con su apoyo espiritual y humano, me apoyaron en todo momento.

A la Universidad Nacional de Loja, al Área Agropecuaria y de Recursos Naturales Renovables, a través de la carrera de Ingeniería en Manejo y Conservación del Medio Ambiente, donde obtuve los conocimientos técnico-científicos que han contribuido a la finalización de mis estudios universitarios.

A los miembros del Tribunal calificador de la tesis por sus valiosas sugerencias del presente trabajo de investigación.

Dejo constancia de mi gratitud y estima, al Ing. Fausto Ramiro García Vasco, Mg.Sc, por sus valiosas sugerencias en el desarrollo de la fase de campo, análisis de datos y en la dirección y revisión de este trabajo.

DEDICATORIA

iii

Este trabajo lo dedico con mucho afecto a mis padres que con su ejemplo de superación, supieron inculcarme el amor y la pasión por el estudio, además de brindarme todo el apoyo para la culminación de mi carrera profesional y lograr mis metas y objetivos propuestos.

ÍNDICE DE CONTENIDO

CONTENIDO   PÁG.

AGRADECIMIENTO ii

DEDICATORIA iii

ÍNDICE DE FOTOGRAFÍAS vii

ÍNDICE DE GRÁFICOS viii

ÍNDICE DE TABLAS ix

ÍNDICE DE CUADROS x

A.   TÍTULO xi

B.   RESUMEN xii

B.   ABSTRACT xiii

C.   INTRODUCCIÓN 1

D. REVISIÓN DE LITERATURA 3

4.1   Biota acuática 3

4.1.1 Macro invertebrado 3

4.1.2   Macro invertebrados Bentónicos como indicadores de calidad de agua 4

4.1.3 Principales Grupos Taxonómicos de Macro invertebrados Acuáticos 5

4.2   El agua 12

4.2.1   Contaminación del Agua 12

4.2.2   Alteraciones del agua 13

4.2.3 Características físico – químicos del agua 18

4.3   Plan de manejo ambiental 20

4.4   Marco Legal 20

4.5   Marco Conceptual 23

E.   MATERIALES Y MÉTODOS 28

5.1   Materiales 28

5.1.1 Equipos 28

5.1.2 Herramientas 28

5.1.3 Instrumentos 28

5.2 Métodos 29

5.2.1 Ubicación del área de estudio 29

5.2.2 Ubicación Política 29

5.2.3 Ubicación Geográfica 31

5.3 Aspectos biofísicos y climáticos 32

5.3.1 Aspectos biofísicos: 32

5.3.2 Aspectos climáticos: 34

5.4 Tipo De Investigación: 36

5.5 Determinar el procedimiento para el muestreo e identificación de macro invertebrados en cuatro puntos del Río Chichico 37

5.5.1 Ubicación de los sitios de muestreo 37

5.5.2 Recolección de la muestra 38

5.5.3 Monitoreo y control 38

5.5.4 Fijación de la Muestra 38

5.5.5 Etiquetado y transporte de la muestra 38

5.5.6 Análisis en laboratorio 39

5.5.7 Análisis de resultados 39

5.5.8 Índice EPT (Ephemeroptera, Plecoptera y Trichoptera)40

5.6 Evaluar la calidad física y química del agua del Río Chichico 40

5.6.1 Selección de puntos de muestreo: 40

5.6.2 Procedimiento para la colecta, preservación y almacenamiento de muestras para laboratorio. 41

5.7 Proponer un Plan de Manejo en base a los resultados del análisis biológico y fisco - químico realizado en el Río Chichico. 43

5.7.1 Introducción 44

5.7.2 Objetivo 44

5.7.3 Alcance 44

5.7.4 Propuesta de Plan de Manejo Ambiental 44

F. RESULTADOS 46

6.1 Identificar la presencia de macro invertebrados en cuatro puntos del Río Chichico. 46

6.2 Evaluar la calidad física y química del agua del Río Chichico. 56

6.3 Proponer un plan de manejo en base a la caracterización realizada en el cauce del Río Chichico. 60

6.3.1 Plan de Manejo Ambiental 60

G. DISCUSIONES 75

7.1 Identificar la presencia de macro invertebrados en cuatro puntos del Río Chichico. 75

7.2 Evaluar la calidad del recurso hídrico en función de los resultados encontrados. 76

7.3 Proponer un Plan de Manejo en base a la caracterización realizada en el cauce del Río Chichico. 77

H. CONCLUSIONES 78

I. RECOMENDACIONES 80

J. BIBLIOGRAFÍA 81

K. ANEXOS 87

ÍNDICE DE FOTOGRAFÍAS

CONTENIDO   PÁG.

Foto 1 Identificación de macro invertebrados en el laboratorio 39

Foto 2 Primer punto de muestreo 88

Foto 3 Segundo punto de muestreo 88

Foto 4 Tercer punto de muestreo 89

Foto 5 Cuarto punto de muestreo 89

Foto 6 Recolección de la muestra de Agua 90

Foto 7 Toma de muestra de Agua 90

Foto 8 Entrega de) 91

Foto 9 Recolección de macro invertebrados 91

Foto 10 Recolección de macro invertebrados con la red Surber............. 92

ÍNDICE DE GRÁFICOS

CONTENIDO   PÁG.

Gráfico 1 Ubicación Política 30
Gráfico 2 Ubicación Geográfica 31
Gráfico 3 Número de individuos punto de muestreo 01 47
Gráfico 4 Número de individuos punto de muestreo 02 51
Gráfico 5 Número de individuos punto de muestreo 03 54
Gráfico 6 Número de individuos punto de muestreo 04 55

ÍNDICE DE TABLAS

CONTENIDO   PÁG.

Tabla 1   Resultados punto de muestreo 01 46
Tabla 2   Resultados punto de muestreo 02 50
Tabla 3   Resultados punto de muestreo 03 53
Tabla 4   Resultados punto de muestreo 04 55
Tabla 5   Resultados de laboratorio punto de muestreo 01 56
Tabla 6   Resultados de laboratorio punto de muestreo 02 57
Tabla 7   Resultados de laboratorio punto de muestreo 03 58
Tabla 8   Resultados de laboratorio punto de muestreo 04 59
Tabla 9   Desglose de presupuesto para el Plan de Manejo
           Ambiental 74
Tabla 10 Índice ETP 87

ÍNDICE DE CUADROS

<table>
<tr><td>CONTENIDO</td><td></td><td>PÁG.</td></tr>
</table>

Cuadro 1 Alteraciones Físicas Del Agua 13

Cuadro 2 Alteraciones Químicas Del Agua 15

Cuadro 3 Flora de la ciudad de Puyo 32

Cuadro 4 Fauna de la zona 33

Cuadro 5 Parámetros físico – químicos para determinar la calidad de agua del   Río Chichico. 42

Cuadro 6 Implantar sistema de control ambiental para efluentes. 61

Cuadro 7 Separar grasas y aceites de efluentes domésticos. 62

Cuadro 8 Clasificación de desechos y tipo de contenedores. 63

Cuadro 9 Elaboración de abono orgánico. 65

Cuadro 10 Venta de materiales para reciclaje. 66

Cuadro 11 Capacitación a la población de la parroquia La Tarqui. 68

Cuadro 12 Producción de plantas. 70

Cuadro 13 Control y monitoreo ambiental. 72

A. TÍTULO

CARACTERIZACIÓN DE LA BIOTA ACUÁTICA PARA DETERMINAR LA CALIDAD DEL RÍO CHICHICO Y DISEÑO DE UN PLAN DE MANEJO AMBIENTAL EN LA PARROQUIA TARQUI, EN EL PERIODO DE ENERO A JULIO 2014.

B. RESUMEN

En la Ciudad del Puyo, parroquia Tarqui, existe la micro cuenca del Río Chichico, donde se desarrollan actividades de agricultura, ganadería, asentamientos humanos en las riveras, esto con lleva a una serie de impactos al medio ambiente, como alteración de la calidad del recurso hídrico, pérdida de la biodiversidad acuática, enfermedades a las personas que utilizan este recurso para uso doméstico; problema que se propone controlar a través de un Plan de Manejo Ambiental, en base a la información obtenida del muestreo e identificación de macro invertebrados y el análisis de los parámetros físicos y químicos de agua del Río Chichico; aplicando como métodos para el muestreo de macro invertebrados acuáticos la red surber, método de vadeo para le recolección de muestras de agua para el análisis de laboratorio, para la evaluación de indicadores biológicos se aplicó el índice EPT (Ephemeroptera, Plecoptera y Trichoptera); obteniendo como resultado un total de 261 especímenes, de los cuales 145 corresponden al Índice EPT, el cual se comparó con los parámetros químicos del agua que están fuera de norma y tiene relación con los macro invertebrados como el DBO con 16 mg/l y el OD con un promedio de 5,67 mg/l; determinando que el agua del afluente no es apta para la supervivencia y el desarrollo de los macro invertebrados, así como para el consumo humano y doméstico de la población aledaña, Para lo cual se propone un Plan de Manejo Ambiental el cual contiene 6 programas para controlar y mitigar los impactos existentes en el río.

Palabras clave: Macroinvertebrados, Índice EPT, Plan de Manejo Ambiental, Programas.

B.   ABSTRACT

In the city of Puyo, parish Tarqui, there Chichico micro river basin where activities of agriculture, human settlement on the banks will be developed, this has a number of impacts on the environment, altering the quality of water resources, loss of aquatic biodiversity, disease for people who use this resource for home use, to propose a solution to this problem, the following research topic arises entitled "Characterization of aquatic biota to determine the quality and design of river Chichico of an Environmental Management Plan in the Tarqui parish ", for which the following objectives, determine the procedure for sampling and identification of macroinvertebrates, evaluating the physical and chemical quality of the river water Chichico and propose a management plan environmental, applying the following methodology, macroinvertebrate sampling network using Surber, determining water quality by applying the calculation of EPT index (Ephemeroptera, Plecoptera and Trichoptera) for comparison of water quality analysis was performed physical - chemical , getting the results of sampling conducted in Chichico river, and 266 specimens over 5 orders and 20 families according to the EFA Index atmosphere in which families of macroinvertebrates found in the River Chichico and parameters are developed outside identified standard of physical - chemical analysis are BOD 16 mg / l, the OD with an average of 5.67 mg / l, stating that Chichico river water is not suitable for the survival and development of macroinvertebrates and as for human and domestic consumption of surrounding communities, for which an Environmental Management Plan which contains six programs to control and mitigate the impacts on existing river Chichico proposed.

Keywords: macroinvertebrates, EPT index, Environmental Management Plan, Programs.

C. INTRODUCCIÓN

En la micro cuenca del Río Chichico, recurso hídrico importante en la parroquia Tarqui, aquí se desarrollan diferentes actividades económicas como la agricultura, turismo, ganadería, asentamientos humanos al margen del río, producto de las mismas actividades antrópicas, incorporan al río aguas residuales, aceites, grasas, residuos sólidos, etc.; esto hace que vaya perdiendo la calidad del recurso hídrico y su importancia como un recurso hídrico natural de la zona; con el objetivo de proponer una solución a esta problemática, se planteó realizar la caracterización de la biota acuática para determinar la calidad del Río Chichico y proponer un Plan de Manejo Ambiental en la parroquia Tarqui".

La metodología aplicada para desarrollar la presente investigación en el muestreo y análisis de los macroinvertebrados acuáticos, fue mediante el manejo de la red Surber de 30 x 30 cm de área de superficie y 0,5 mm de abertura de malla y para la identificación de las familias de macro invertebrados, para la evaluación de la calidad de agua se utilizó el índice EPT para determinar la presencia o ausencia de los órdenes Ephemeroptera, Plecoptera y Trichoptera.

Para el muestreo y análisis de los parámetros físicos, químicos se utilizó la Norma Técnica Ecuatoriana NTE INEN 2 169:98, que señala los procedimientos para el muestreo de agua, se determinó los parámetros según la Normativa del Texto Unificado de Legislación Ambiental Secundario (TULAS), Libro VI, Tabla N°01, sobre el uso de agua de consumo humano y uso doméstico.

Obteniendo los siguientes resultados: En los 4 puntos de muestreo se identificaron 261 especímenes repartidas en 5 ordenes con 20 familias, de los cuales 116 pertenecen a diferentes órdenes de macro invertebrados y los 145 corresponden al orden Ephemeroptera, Plecoptera y Trichoptera.

Según el Texto Unificado de Legislación Ambiental Secundario (TULAS), tanto en el punto 03 y 04 de muestreo del DBO es de 16 mg/l, siendo el límites máximos permisibles de 2 mg/l, por tanto no cumple con lo establecido en la legislación, por ende siendo el DBO un parámetro indispensable para la calidad del agua de ríos, lagos, lagunas o efluentes, no es apta para la supervivencia y el desarrollo de los macro invertebrados, así como para el consumo humano y doméstico de la población aledaña. Información que permitió proponer un Plan de Manejo Ambiental, instrumento que servirá para controlar y conservar los recursos naturales de la sub cuenca del Río Chichico, en la parroquia Tarqui.

Para desarrollar el tema de investigación se planteó los siguientes objetivos:

Objetivo general:

Caracterizar la biótica acuática para determinar la calidad del Río Chichico y diseñar un plan de manejo ambiental en la parroquia Tarqui.

Objetivos específicos:

- Determinar el procedimiento para el muestreo e identificación de macro invertebrados en cuatro puntos del Río Chichico.
- Evaluar la calidad física y química del agua del Río Chichico.
- Proponer un Plan de Manejo en base a los resultados del análisis biológico y fisco - químico realizado en el Río Chichico.

D. REVISIÓN DE LITERATURA

4.1 Biota acuática

En su uso más habitual, mediante el término biótico se designa al conjunto de especies de plantas, animales y otros organismos que ocupan un área dada. Se dice, por ejemplo, biótico europeo para referirse a la lista de especies que habitan en ese territorio. El término biótico puede desglosarse en flora y en fauna, según los límites establecidos en Botánica y en Zoología.

El concepto puede extenderse para designar al repertorio de especies de un compartimento del suelo, la rizósfera o el fondo de un ecosistema acuático. (prezi, 2005)

4.1.1 Macro invertebrado

Carrera & Fierro (2005), mencionan que los macroinvertebrados acuáticos son bichos que se pueden ver a simple vista y proporcionan excelentes señales sobre la calidad del agua. Se llaman macro porque son grandes (miden entre 2 milímetros y 30 centímetros), invertebrados porque ni tienen huesos y acuáticos porque viven en los lugares con agua dulce (esteros, ríos, lagos y lagunas) (pág. 28).

Estos animales proporcionan excelentes señales sobre la calidad del agua, y al usarlos en el monitoreo, se puede entender claramente el estado en que ésta se encuentra: algunos de ellos requieren agua de buena calidad para sobrevivir; otros, en cambio, resisten, crecen y abundan cuando hay contaminación. Por ejemplo, las moscas de piedra sólo viven en agua muy limpia y desaparecen cuando el agua está contaminada. No sucede así con algunas larvas o gusanos de otras moscas que resisten la contaminación y abundan en agua sucia.

Estos organismos, al crecer, se transforman en moscas que provocan enfermedades como la malaria, el paludismo o el mal de Chagas.

Los macro invertebrados incluyen larvas de insectos como mosquitos, caballitos del diablo, libélulas o helicópteros, chinches o chicaposos, perros de agua o moscas de aliso.

Carrera Reyes & Fierro Peralbo (2005), manifiestan que los macroinvertebrados proporcionan excelentes señales sobre la calidad del agua, y al usarlos en el monitoreo, puede entenderse claramente el estado en que ésta se encuentra: algunos de ellos requieren agua de buena calidad para sobrevivir; otros, en cambio, resisten, crecen y abundan cuando hay contaminación.

4.1.2 Macro invertebrados Bentónicos como indicadores de calidad de agua

Figueroa *et al* (2005) menciona que es de conocimiento general que los organismos se han utilizado para el monitoreo biológico y determinación de calidad de agua, sin embargo no todos los organismos presentan las ventajas que los macro invertebrados bentónicos tienen. A continuación se exponen las ventajas que proporcionan éstos organismos en un monitoreo biológico:

- Permiten estudios comparativos por encontrarse en todos los ambientes acuáticos.

- Proporciona información acerca de los efectos y perturbaciones que sufre un cuerpo de agua, a través de un análisis de la contaminación. Esto se debe principalmente a su naturaleza sedentaria.

- Presentan ventajas técnicas, ya que tanto el muestreo como análisis de datos, se lo puede hacer de manera simple y sencilla.

- Actualmente la taxonomía de los grupos está bien estudiada y se pueden encontrar fichas técnicas e ilustraciones con las que podemos identificar a un organismo.

- La existencia de numerosos métodos para el análisis de datos, como por ejemplo índices bióticos y biodiversidad, mismos que son utilizados en biomonitoreos.

A principios del siglo ya se utilizaban los métodos biológicos en la determinación de la calidad de agua de un río, pero no fue hasta la década de los 50, que este tipo de estudios tomaron mayor importancia (Figueroa *et al*, 2005).

4.1.3 Principales Grupos Taxonómicos de Macro invertebrados Acuáticos

a) Orden Ephemeroptera

Según Barber (2008) los efemerópteros (Ephemeroptera) son un orden de insectos pterigotos, conocidos vulgarmente como efímeras, efémeras, cachipollas o "mayflies" en idioma inglés. Es el orden de insectos alados más antiguos que existe en la actualidad. Se conocen 42 familias y más de 3.000 especies que habitan todas las regiones biogeográficas excepto la Antártida y algunas islas oceánicas remotas. La mayor diversidad de géneros pertenecientes a este orden se encuentra en la región Neotropical (zonas tropicales del continente americano).

Los efemerópteros son un antiguo linaje de insectos, que data del Carbonífero Tardío o los períodos Pérmico Temprano, estos se caracterizan porque la mayor parte de su vida transcurre en estadoninfal, en el cual se ha podido identificar hasta 50 instar en algunas especies. (Barber, 2008).

Como característica principal del orden Ephemeroptera, sus larvas ninfales mudan pasando por un estado de subimago, antes de desarrollarse como adulto (imago). Por ello se han llevado a cabo muchos estudios en la región sudamericana, dando como resultado la existencia de una serie de claves taxonómicas para la identificación de este orden, facilitando los estudios, y mejorando el conocimiento respecto a especies que aún faltan por conocer y estudiar en el continente sudamericano. (Domínguez, 2009)

b)   Orden Plecoptera

El primer fósil registrado de Plecoptera data del Pérmico temprano, es decir, hace unos 263-258 millones de años, estos organismos tienen relación filogenética vinculada al orden Neoptera. Los plecópteros se encuentran situados en ríos donde las corrientes son fuertes, sin embargo, algunas de sus especies se han adaptado en ambientes lenticos oligotróficos, sistemas temporales, o en lagos profundos (Gutiérrez, 2010).

Estos organismos acuáticos son insectos con metamorfosis incompleta (hemimetábolos), es decir, solo pasan por tres estadios de desarrollo: huevo, ninfa y adulto. Y antes de su transformación a la etapa adulta las ninfas maduras se arrastran sobre las rocas, troncos o cualquier otro sustrato para salir del agua. Y en otros casos las ninfas llegan a escalar varios metros en lo alto de los árboles (Gutiérrez, 2010).

Gutiérrez (2010) indica que en la alimentación las ninfas de Plecópteros pueden ser: detritívoras, carnívoras o herbívoras; el tipo de alimentación dependerá del estado de desarrollo en el que se encuentre, de la especie e incluso de la hora del día. Los adultos de la mayoría de especies no se alimentan, sin embargo, algunos pueden beber sustancias azucaradas o comer alimentos sólidos como retoños de hojas, líquenes, hifas de hongos y polen.

Los Plecópteros, al igual que la mayoría de insectos acuáticos, influyen de manera determinante en el sistema acuático ya que su existencia es fundamental en el flujo de energía y en el reciclaje de nutrimentos (Gutiérrez, 2010).

La particularidad más relevante de este grupo de organismo es quizás su respuesta a cambios en el ambiente, debido a que poseen una sensibilidad alta lo que los convierte en excelentes indicadores de calidad de agua (Gutiérrez, 2010).

c) Orden Odonata

Según Barber (2008) menciona el nombre Odonata viene del griego "odon" que significa diente, refiriéndose a sus fuertes mandíbulas. Los odonatos comúnmente conocidos como libélulas en su etapa adulta .Presentan colores muy llamativos y debido a la facilidad de observarlos se les ha dado muchos nombres tales como: caballitos de diablo, gallegos, pipilachas entre otros.

Estos insectos tienen grandes ojos compuestos y poseen un tórax que soporta a las cuatro alas membranosas que salen del mismo. Su abdomen es alargado y delgado. Es importante saber que las ninfas de este orden son acuáticas, además de poseer un aparato bucal preciso para cazar a sus presas, ya que son depredadores. (Ramírez, 2010).

Domínguez (2009) indica que en el Orden Odonata se conocen 5700 especies mundialmente, en Sur América el país con más especies conocidas es Brasil, seguido por Venezuela y Perú; sin embargo existen grandes áreas no investigadas por lo que la fauna en odonatos es poco conocida. Día a día se van conociendo nuevas especies en especial del suborden Zygoptera, por esta razón su sistemática aún no se encuentra establecida sólidamente.

Las larvas de este orden llevan a cabo su crecimiento a través de varios estadios larvales, y la cantidad de mudas dependen de la temperatura y la disponibilidad de alimento. Respecto a su alimentación pueden ingerir invertebrados acuáticos, insectos, otros odonatos e incluso son capaces de alimentarse de renacuajos y pequeños peces, determinándolos como depredadores dentro del sistema dulceacuícola. (Domínguez, 2009).

Este orden se divide en dos subórdenes:

- **Suborden Anisoptera**

El orden Anisoptera se diferencia del Zygoptera por ser robustos, anchos y terminar en una pirámide anal. Su cabeza es más delgada que la anchura de su cuerpo (Ramírez, 2010).

- **Suborden Zygoptera**

El orden Zygoptera se caracteriza por poseer un cuerpo alargado y delgado, y en su terminación presenta tres branquias caudales. La cabeza de este orden en más grande que la anchura de su cuerpo (Ramírez, 2010).

d)   Orden Hemíptera

Domínguez (2009) nos indica que los hemípteros o también denominados Heterópteros se dividen en dos tipos: en Gerromorpha, son los que viven en la superficie del agua, y en Nepomorpha, que son los que viven por debajo de la superficie del agua. (pág. 167-169)

e)   Orden Coleóptera

Según Domínguez (2009) en la obra Macroinvertebrados Bentónicos sudamericanos indican que los coleópteros son el grupo más numeroso que se conoce, ya que incluye más de 350.000 especies, distribuidas en 170 familias y 4 subórdenes. La mayoría de los Coleópteros son terrestres, pero existen 10.000 especies representantes que son acuáticas en alguno de sus estadios en desarrollo; se encuentran en todas las aguas continentales, con excepción de lagos muy contaminados. (pág. 411-412)

f) Orden Trichoptera

Springer (2010) menciona que los Tricópteros (en inglés llamados "caddisflies"), son insectos holometábolos, tiene semejanza con los Lepidópteros y en la etapa adulta son similares a pequeñas polillas.

Sus alas están cubiertas de pelos en lugar de escamas, por lo que de ahí deriva el nombre (trichos: pelos; ptera: alas). (pág. 151-152)

Holzenthal (2007) indica que éste grupo está entre los más importantes y diversos de todos los taxones acuáticos. Las larvas son vitales dentro de la cadena trófica desarrollada en el hábitat acuático, y su presencia como abundancia, se utiliza en la evaluación biológica de la calidad de agua. La morfología de este grupo taxonómico está determinado de acuerdo a tres etapas: adultos, larvas y pupas. Trichoptera presenta 45 familias distribuidos en 600 géneros y 13000 especies aproximadamente.

g) Orden Lepidóptera

Domínguez (2009) menciona que este orden apareció hace millones de años, colonizando todo tipo de hábitat, aunque la mayoría de las especies son terrestres, también existen especies que son acuáticas y sus estadios larvales se desarrollan dentro del agua, e inclusive existen especies tales como (*Acentria*) que su estado adulto también es acuático.

De modo general éste grupo de organismo no se los consideran elementos de la comunidad acuática, por ello continuamente se los excluye en los estudios de ecología de insectos relacionados con este tipo de ambiente. Pero en la actualidad se han reivindicado en interés algunas especies que están relacionadas a plantas acuáticas (Domínguez, 2009).

Según Domínguez (2009) debido a que el orden Lepidóptera es herbívoro, representa un importante controlador de malezas acuáticas, sin embargo, pueden ser perjudiciales cuando atacan a cultivos como el arroz. Así dentro del orden se dan a conocer especies totalmente acuáticas, que desarrollan todos sus estadios en el agua, y especies semi-acuáticas que se relacionan con la vegetación ya sea sumergida o emergente.

Respecto a la información existente sobre éste orden en América del Sur es fragmentaria, existiendo literatura sobre las larvas acuáticas y detallando los géneros más comunes de la región (Domínguez, 2009).

h)   Orden Díptera

Domínguez (2009) indica que los representantes de éste orden son holometábolos, se los reconocen por sus colores poco vistosos y por poseer un par de alas membranosas. Dentro del orden de los dípteros existen 153.000 especies, con más 158 familias, de las cuales 126, con 29.700 especies en la Región Neotropical. Los Dípteros, aunque conocidos durante 30 años, es difícil su identificación debido a la falta de tratamiento sinópticos modernos, a la falta de colectas, y sabiendo que algunas especies no han sido ni siquiera descritas. No se conocen larvas del más del 10% de especies. Por ello es relevante su investigación ya que las diferentes familias de Dípteros representan importancias en medicina veterinaria, como indicadores ecológicos y agronómicos (Domínguez,2009).

i)   Phylum Platyhelminthes: Orden Tricladida

Según Roldán & Ramírez (2008) dentro del Phylum Platyhelminthesse, se encuentra la clase Turbellaria, cuyos organismos son de vida libre. La clase Turbellaria incluye el Orden Tricladida, que corresponde al grupo de las Planarias, ellas son delgadas y planas y pueden llegar a medir hasta 30 ms. Este grupo de organismos pueden vivir dentro del agua en ramas, hojas, troncos caídos, en aguas leníticas y lóticas; viven en agua oxigenada pero algunas especies pueden vivir en aguas que presenten altos grados de contaminación por materia orgánica. Las Planarias son depredadoras, pero también pueden alimentarse de animales muertos, sus principales competidores son otros depredadores como Anélidos, Nemátodos y algunos Crustáceos (Roldán & Ramírez, 2008).

j)   Phylum Mollusca: Clase Gasterópoda

Los Gasterópodos son organismos que tienen una concha en forma de espiral, su tamaño puede variar y va desde 2 a 70 mm. Se radican en aguas con presencia de carbonato de calcio, ya que esto les facilita la construcción de sus conchas. Estos organismos se encuentran asociadas a aguas tranquilas y poco profundas, donde exista abundante vegetación acuática y materia orgánica en descomposición, siendo persistentes en aguas que presentan dureza y alta alcalinidad (Roldán & Ramírez, 2008).

k)   Phyllum Anelida

Según Roldán & Ramírez (2008) los Anélidos constituyen un gran grupo de organismos, pero dentro del estudio de sistemas dulceacuícolas en el Neotrópico, se consideran dos clases:

l)   Oligochaeta e Hirudinea

La clase Oligochaeta tiene tamaño entre 1 y 30 mm, son reconocidas ya que poseen la misma estructura que presentan las lombrices demedio terrestre. Se alimentan de Diatomeas, algas filamentosas y detritus animal y vegetal. Estos organismos acuáticos son indicadores de contaminación, ya que habitan en aguas con mucha materia orgánica y bajos niveles de oxígeno *(Roldán & Ramírez, 2008)*.

Roldán & Ramírez (2008) indica que la familia Tubificidae es la más reconocida, ya que incluye el género Tubifex, mismo que prolifera y se desarrolla en aguas con altos grados de contaminación, y pueden llegar a la abundancia de 40.000 individuos por metro cuadrado.

Clase Hirudinea, incluye las sanguijuelas, cuyo grupo de organismos pueden medir entre 5 y 45 mm. Sus características representativas son las ventosas que poseen, una anterior y otra posterior, mismas utilizadas para adherirse o para trasladarse dentro del agua. Residen en aguas quietas, charcas, embalses, adheridas a algún sustrato que se encuentre a su alrededor. Son depredadoras y se alimentan de caracoles, insectos, lombrices de agua y algunos macro invertebrados pequeños (Roldán & Ramírez, 2008).

4.2   El agua

Según BARBA (2005) El agua es una de las sustancias más difundidas y abundantes en el planeta tierra. Es parte integrante de la mayoría de los seres vivientes tanto animales como vegetales, y está presente en cantidad de minerales. P1

4.2.1   Contaminación del Agua

Según, GALLEGO (2000) citado en (Clara, 2005) :

Contaminación es la acción y efecto de introducir materias o formas de energía, o inducir condiciones en el agua que, de modo directo o indirecto, impliquen una alteración perjudicial de su calidad en relación con los usos posteriores o con su función ecológica. p. 8

4.2.2 Alteraciones del agua

a)   **Alteraciones físicas del agua**

Cuadro 1 Alteraciones Físicas Del Agua

Alteraciones físicas	Características y contaminación que indica
Color	El agua no contaminada suele tener ligeros colores rojizos, pardos, amarillentos o verdosos debido, principalmente, a los compuestos húmicos, férricos o los pigmentos verdes de las algas que contienen. Las aguas contaminadas pueden tener muy diversos colores pero, en general, no se pueden establecer relaciones claras entre el color y el tipo de contaminación
Olor y sabor	Compuestos químicos presentes en el agua como los fenoles, diversos hidrocarburos, cloro, materias orgánicas en descomposición o esencias liberadas por diferentes algas u hongos pueden dar olores y sabores muy fuertes al agua, aunque estén en muy pequeñas concentraciones. Las sales o los minerales dan sabores salados o metálicos, en ocasiones sin ningún olor.
Temperatura	El aumento de temperatura disminuye la solubilidad de gases (oxígeno) y aumenta, en general, la de las sales. Aumenta la velocidad de las reacciones del metabolismo, acelerando la putrefacción. La temperatura óptima del agua para beber está entre 10 y 14°C. Continúa…

	Las centrales nucleares, térmicas y otras industrias contribuyen a la contaminación térmica de las aguas, a veces de forma importante.
Materiales en suspensión	Partículas como arcillas, limo y otras, aunque no lleguen a estar disueltas, son arrastradas por el agua de dos maneras: en suspensión estable (disoluciones coloidales); o en suspensión que sólo dura mientras el movimiento del agua las arrastra. Las suspendidas coloidalmente sólo precipitarán después de haber sufrido coagulación o floculación.
Radiactividad	Las aguas naturales tienen unos valores de radiactividad, debidos sobre todo a isótopos del K. Algunas actividades humanas pueden contaminar el agua con isótopos radiactivos.
Espumas	Los detergentes producen espumas y añaden fosfato al agua (eutrofización). Disminuyen mucho el poder auto depurador de los ríos al dificultar la actividad bacteriana. También interfieren en los procesos de floculación y sedimentación en las estaciones depuradoras.
Conductividad	El agua pura tiene una conductividad eléctrica muy baja. El agua natural tiene iones en disolución y su conductividad es mayor y proporcional a la cantidad y características de esos electrolitos. Por esto se usan los valores de conductividad como índice aproximado de concentración de solutos. Como la temperatura modifica la conductividad las medidas se deben hacer a 20ºC.

Fuente: Organización Mundial de la Salud (2012)

b) Alteraciones químicas del agua

Cuadro 2 Alteraciones Químicas Del Agua

Alteraciones químicas	Contaminación que indica
pH	Las aguas naturales pueden tener pH ácidos por el CO_2 disuelto desde la atmósfera o proveniente de los seres vivos; por ácido sulfúrico procedente de algunos minerales, por ácidos húmicos disueltos del mantillo del suelo. La principal sustancia básica en el agua natural es el carbonato cálcico que puede reaccionar con el CO_2 formando un sistema tampón carbonato / bicarbonato. Las aguas contaminadas con vertidos mineros o industriales pueden tener pH muy ácido. El pH tiene una gran influencia en los procesos químicos que tienen lugar en el agua, actuación de los floculantes, tratamientos de depuración, etc.
Oxígeno disuelto (OD)	Las aguas superficiales limpias suelen estar saturadas de oxígeno, lo que es fundamental para la vida. Si el nivel de oxígeno disuelto es bajo indica contaminación con materia orgánica, mala calidad del agua e incapacidad para mantener determinadas formas de vida.
Materia orgánica biodegradable: Demanda Bioquímica de Oxígeno (DBO5)	$DBO5$ es la cantidad de oxígeno disuelto requerido por los microorganismos para la oxidación aerobia de la materia orgánica biodegradable presente en el agua. Se mide a los cinco días. Su valor da idea de la

	calidad del agua desde el punto de vista de la materia orgánica presente y permite prever cuanto oxígeno será necesario para la depuración de esas aguas e ir comprobando cual está siendo la eficacia del tratamiento depurador en una planta.
Materiales oxidables: Demanda Química de Oxígeno (DQO)	Es la cantidad de oxígeno que se necesita para oxidar los materiales contenidos en el agua con un oxidante químico (normalmente dicromato potásico en medio ácido). Se determina en tres horas y, en la mayoría de los casos, guarda una buena relación con la DBO por lo que es de gran utilidad al no necesitar los cinco días de la DBO. Sin embargo la DQO no diferencia entre materia biodegradable y el resto y no suministra información sobre la velocidad de degradación en condiciones naturales.
Nitrógeno total	Varios compuestos de nitrógeno son nutrientes esenciales. Su presencia en las aguas en exceso es causa de eutrofización. El nitrógeno se presenta en muy diferentes formas químicas en las aguas naturales y contaminadas. En los análisis habituales se suele determinar el NTK (nitrógeno total Kendahl) que incluye el nitrógeno orgánico y el amoniacal. El contenido en nitratos y nitritos se da por separado.
Fósforo total	El fósforo, como el nitrógeno, es nutriente esencial para la vida. Su exceso en el agua provoca eutrofización.

	El fósforo total incluye distintos compuestos como diversos ortofosfatos, polifosfatos y fósforo orgánico. La determinación se hace convirtiendo todos ellos en ortofosfatos qu Continúa… determinan por análisis químico.
Aniones: **cloruros** **nitratos** **nitritos** **fosfatos** **sulfuros** **cianuros** **fluoruros**	indican salinidad indican contaminación agrícola indican actividad bacteriológica indican detergentes y fertilizantes Indican acción bacteriológica anaerobia (aguas negras, etc.) indican contaminación de origen industrial En algunos casos se añaden al agua para la prevención de las caries, aunque es una práctica muy discutida.
Cationes: **sodio** **calcio y magnesio** **amonio** **metales pesados**	Indica salinidad Están relacionados con la dureza del agua Contaminación con fertilizantes y heces De efectos muy nocivos; se bioacumulan en la cadena trófica; (se estudian con detalle en el capítulo correspondiente)
Compuestos orgánicos	Los aceites y grasas procedentes de restos de alimentos o de procesos industriales (automóviles, lubricantes, etc.) son difíciles de

| | metabolizar por las bacterias y flotan formando películas en el agua que dañan a los seres vivos.

Los fenoles pueden estar en el agua como resultado de contaminación industrial y cuando reaccionan con el cloro que se añade como desinfectante forman clorofenoles que son un serio problema porque dan al agua muy mal olor y sabor.

La contaminación con pesticidas, petróleo y otros hidrocarburos se estudia con detalle en los capítulos correspondientes. |

Fuente: Organización Mundial de la Salud (2012)

4.2.3 Características físico – químicos del agua

a) Físicos

- **pH.-** Según NOGALES (2005). La determinación de pH es muy importante en la calidad del agua de riego, la que debe soportar rangos de 6.5 a 7.5 con el objeto que los cultivos sean aptos para el consumo humano y no fuentes de contaminación.

- **Temperatura.-** Según NOGALES (2005). La temperatura es un factor físico que determina la solubilidad de gases y minerales; influye notablemente en los procesos biológicos de la respiración, crecimiento de organismos y descomposición de materia orgánica.

- **Conductividad Eléctrica.-** Según NOGALES (2005) "Este parámetro se determina a través de la concentración de iones disueltos en el agua. Los cultivos soportan diferentes concentraciones de iones y estos determinan la producción y calidad de productos".

- **Turbidez.-** ySegún NOGALES (2005) La turbidez en el medio natural puede ser orgánica, producida por algas y materia orgánica en suspensión; e inorgánica constituida por partículas de diferente tamaño en suspensión, como arcillas, especialmente introducidas en el transcurso del canal, producidas por la erosión del cauce.

• **Sólidos Totales Disueltos.-** NOGALES (2005). Dice que los análisis de sólidos son importantes en el control de los procesos físicos y biológicos. Los STD tienen un significado especial debido a que muchas aguas contienen cantidades poco usuales de sales inorgánicas disueltas, este parámetro está relacionado con la conductividad y al igual que los STD.

b) Químicos

• **Alcalinidad.-** Para NOGALES (2005) "Es el consumo de ácido por las especies básicas presentes en aguas naturales. La alcalinidad se debe principalmente a la presencia de sales de ácidos débiles y bases fuertes".

• **Dureza.-** Según NOGALES (2005). Se denomina aguas duras a aquellas que generalmente requieren cantidades considerables de jabón para producir espuma; la dureza es causada por los cationes divalentes metálicos que son capaces de reaccionar con el jabón para formar precipitados, no afecta a la salud humana, pero si afecta a los vegetales endureciéndoles.

• **Cloruros.-** Para GUERRERO (2005) El cloruro es uno de los aniones inorgánicos principales en el agua natural y residual, perjudica notablemente el crecimiento de las plantas, los niveles de cloruros son muy importantes para la selección de aguas de abastecimiento para consumo y riego.

• **Demanda química de oxígeno.-** Según GUERRERO (2005) "El agua rica en materia orgánica puede ser causante de contaminación. La materia orgánica está compuesta principalmente de proteínas, carbohidratos, grasas animales, que se puede acarrear a lo largo del canal de riego".

- **Oxígeno disuelto.-** El oxígeno disuelto proviene de las actividades fotosintéticas de la flora vegetal y del intercambio atmósfera-agua, los niveles de oxígeno disuelto en aguas naturales o aguas servidas dependen del mayor o menor grado de actividad físico química y bioquímica. El análisis de oxígeno disuelto es una prueba fundamental en los procesos de control de aguas contaminadas. A partir del oxígeno disuelto se calcula el índice de oxigenación. GUERRERO (2005).

4.3 Plan de manejo ambiental

El Plan de Manejo Ambiental (PMA) es un instrumento de gestión cuya finalidad es servir como guía de programas, procedimientos, prácticas y acciones, orientados a prevenir, minimizar, mitigar y controlar los impactos y riesgos ambientales que se generen por diferentes actividades. (Biosfera Gestion Ambiental, 2009).

El Texto Unificado de Legislación Secundaria del Medio Ambiente (TULSMA), en su Libro VI, permite establecer las acciones que se requieren para prevenir, mitigar, controlar, compensar y corregir los posibles efectos o impactos ambientales negativos causados en desarrollo de un proyecto, obra o actividad; incluye también los planes de seguimiento, evaluación y monitoreo y los de contingencia. El contenido del plan puede estar reglamentado en forma diferente en cada país.

4.4 Marco Legal

La Constitución de la República del Ecuador vigente fue publicado mediante Registro Oficial No. 449 del 20 de octubre del 2008, contiene los principios, derechos y libertades de quienes conforman la sociedad ecuatoriana y constituye la cúspide de la estructura jurídica del Estado Ecuatoriano.

En el Título II, de derechos del capítulo segundo, de derechos del buen vivir, sección primera, agua y alimentación en los artículos 12, 71 y 72 se mantiene como deberes primordiales del Estado los derechos al agua y a la naturaleza o Pacha Mama,

Art.12.- El derecho humano al agua es fundamental e irrenunciable. El agua constituye patrimonio nacional estratégico de uso público, inalienable, imprescriptible, inembargable y esencial para la vida.

Art.71.- La naturaleza o Pacha Mama, donde se reproduce y realiza la vida tiene derecho a que se respete integralmente su existencia y el mantenimiento y regeneración de sus ciclos vitales, estructura, funciones y procesos evolutivos.

Art. 72.- La naturaleza tiene derecho a la restauración. Esta restauración será independiente de la obligación que tienen el Estado y las personas naturales o jurídicas de Indemnizar a los individuos y colectivos que dependan de los sistemas naturales afectados.

En los casos de impacto ambiental grave o permanente, incluidos los ocasionados por la explotación de los recursos naturales no renovables, el Estado establecerá los mecanismos más eficaces para alcanzar la restauración, y adoptará las medidas adecuadas para eliminar o mitigar las consecuencias ambientales nocivas.

La Constitución de la República del Ecuador del 2008 a través del Capítulo segundo sobre Derechos del Buen Vivir (Sección primera del Agua y alimentación) manifiesta en el Artículo No. 12 "El derecho humano al agua es fundamental e irrenunciable. El agua constituye patrimonio nacional estratégico de uso público, inalienable, imprescriptible, inembargable y esencial para la vida".

El Artículo No. 74 del Capítulo séptimo sobre Derechos de la Naturaleza indica que "Las personas, comunidades, pueblos y nacionalidades tendrán derecho a beneficiarse del ambiente y de las riquezas naturales que les permitan el buen vivir. Los servicios ambientales no serán susceptibles de apropiación; su producción, prestación, uso y aprovechamiento serán regulados por el Estado".

En el Capítulo VI de la Ley de Codificación de Aguas a través del Artículo No. 22 menciona:

"Prohíbase toda contaminación de las aguas que afecten a la salud humana o al desarrollo de la flora o la fauna. El Consejo Nacional de Recursos Hídricos, en colaboración con el Ministerio de Salud Pública y las demás entidades estatales, aplicará la política que permita el cumplimiento de esta disposición. Se concede acción popular para denunciar los hechos que se relacionan con la contaminación del agua. La denuncia se presentará en la Defensoría del Pueblo".

En el Capítulo VI de la Ley de Prevención y Control de Contaminación Ambiental en sus Artículos 16 y 18 expresan lo siguiente:

Art. 16.- Queda prohibido descargar, sin sujetarse a las correspondientes normas técnicas y regulaciones, a las redes de alcantarillado, o en las quebradas, acequias, ríos, lagos naturales o artificiales, o en las aguas marítimas, así como infiltrar en terrenos, las aguas residuales que contengan contaminantes que sean nocivos a la salud humana, a la fauna y a las propiedades.

Art. 18.- El Ministerio de Salud fijará el grado de tratamiento que deban tener los residuos líquidos a descargar en el cuerpo receptor, cualquiera sea su origen.

El Título I del Saneamiento Ambiental de la Ley de Prevención y Control de Contaminación Ambiental menciona en su Artículo No. 12 que "Ninguna persona podrá eliminar hacia el aire, el suelo o las aguas, los residuos sólidos, líquidos o gaseosos, sin previo tratamiento que los conviertan en inofensivos para la salud".

El 31 de marzo de 2003, se expide el Texto Unificado de Legislación Ambiental, mediante Decreto Ejecutivo 3516, publicado en el Registro Oficial No. 2, cuyo contenido es el siguiente:

Título Preliminar: De las Políticas Básicas Ambientales del Ecuador.

Libro I: De la Autoridad Ambiental.

Libro II: De la Gestión Ambiental.

Libro III: Del Régimen Forestal.

Libro IV: De la Biodiversidad.

Libro V: De los Recursos Costeros.

Libro VI: De la Calidad Ambiental.

Libro VII: Del Régimen Especial: Galápagos.

Libro VIII: Del Instituto para el Eco desarrollo Regional Amazónico.

Libro IX: Del Sistema de Derechos o Tasas por los Servicios que Presta el Ministerio del Ambiente y por el Uso y Aprovechamiento de Bienes Nacionales que se encuentran Bajo su Cargo y Protección (www.ambiente.gov.ec).

El Libro VI Anexo 1 manifiesta que la presente norma técnica determina o establece:

Los límites permisibles, disposiciones y prohibiciones para las descargas en cuerpos de aguas o sistemas de alcantarillado; los criterios de calidad de las aguas para sus distintos usos y métodos y procedimientos para determinar la presencia de contaminantes en el agua.

4.5   Marco Conceptual

Ambiente: Es el sistema global constituido por elementos naturales y artificiales de naturaleza física, química, biológica, sociocultural y de sus interrelaciones, en permanente modificación por la acción humana o natural que rige o condiciona la existencia o desarrollo de la vida.

Aguas Residuales: Aguas resultantes de un proceso o actividad productiva cuya calidad se ha degradado, debido a la incorporación de elementos contaminantes.

Aguas Servidas: Residuos acuosos resultantes del desecho o utilización del agua en cualquier actividad que puede causar contaminación.

Bioindicador de la calidad del agua: Un bio indicador es un indicador consistente en una especie vegetal, hongo o animal; o formado por un grupo de especies (grupo eco-sociológico) o agrupación vegetal cuya presencia (o estado) nos da información sobre ciertas características ecológicas, es decir, (físico-químicas, micro-climáticas, biológicas y funcionales), del medio ambiente, o sobre el impacto de ciertas prácticas en el medio. Se utilizan sobre todo para la evaluación ambiental (seguimiento del estado del medio ambiente, o de la eficacia de las medidas compensatorias, o restauradoras).

Bioseguridad: Evaluación, reglamentación y administración del riesgo biológico, a través de su reducción o eliminación para preservar las cualidades y sobrevivencia de la vida humana y la de otros organismos que componen el medio ambiente

Biomonitoreos: El biomonitoreo es un conjunto de técnicas basadas en la reacción y sensibilidad de distintos organismos vivos a diversas sustancias (nutrientes/contaminantes) presentes en un ecosistema.

Es la evaluación de los efectos deletéreos de una sustancia tóxica sobre distintos organismos. Estos organismos son empleados como indicadores biológicos de la toxicidad de un compuesto que se mide a través de diferentes índices biológicos (alteraciones en el desarrollo, en funciones vitales, etc.).

Conjunto de técnicas asociadas con la evaluación de la calidad medioambiental por medio de organismos vivos (Col Kent 2005)

Clima: Conjunto de condiciones atmosféricas (temperatura, humedad, nubosidad, lluvia, sol, dirección y velocidad de los vientos) que dominan y alternan continuamente en una localidad determinada.

Contaminación: Cambio indeseable de las propiedades físicas, químicas y biológicas que puede provocar efectos negativos en los diferentes componentes del medio ambiente.

Contaminante: Sustancia química, biológica o radiológica, en cualquiera de sus estados físicos y formas, que al incorporarse o encontrarse por encima de sus concentraciones normales en la atmósfera, agua, suelo, fauna o cualquier elemento natural altera y cambia su composición y condición natural.

Dulceacuícolas: Plantas y animales que desarrollan todas sus funciones vitales en el agua dulce.

Daño Ambiental: Acción negativa o perjudicial ejercida por un factor o varios ajenos al medio.

Degradación Biológica: Acción negativa que se ejerce sobre un determinado ecosistema que cambia parcial o totalmente sus características.

Demanda Bioquímica de Oxígeno: Medida indirecta de la cantidad de oxígeno consumido por los microorganismos durante la degradación biológica de la materia orgánica.

Descarga: Disposición o adición de desechos o residuales a un medio receptor

Desechos: Materiales resultantes de un proceso productivo o investigativo que no es posible modificar en función de los objetivo de producción, transformación o consumo y que se desean eliminar.

Efluente: Residual líquido, tratado o sin tratar, que se originan un proceso industrial o actividad social y se dispone generalmente en los suelos o diversos cuerpos de agua superficiales o subterráneos.

Estudio de impacto ambiental: Recopilación y valoración de informes sobre las características físicas, ecológicas, económicas y sociales de un área o región específica, así como de los planes y proyectos que se pretende ejecutar en la misma, de forma tal que se minimicen los impactos negativos sobre el medio ambiente.

Efluentes líquidos: Los efluentes líquidos son fundamentalmente las aguas de abastecimiento de una población, después de haber sido impurificadas por diversos usos. Desde el punto de vista de su origen, resultan de la combinación de los líquidos o desechos arrastrados por el agua, procedentes de las viviendas, instituciones y establecimientos comerciales e industriales, más las aguas subterráneas, superficiales o de precipitación que pudieran agregarse.

Todas estas aguas afectan de algún modo la vida normal de sus correspondientes cuerpos receptores. Cuando este efecto es suficiente para hacer que los mismos no sean susceptibles de una mejor utilización, se dice que están contaminados.

Fertilizante: Se conoce como fertilizante a una sustancia que se agrega al suelo para suministrar aquellos elementos que se requieren para la nutrición de las plantas. Un material fertilizante o transportador es una sustancia que contiene uno o más de los elementos esenciales para las plantas. Los fertilizantes completos contienen los tres elementos mayores nutrientes para las plantas: nitrógeno, fósforo y potasio.

Impacto ambiental: Repercusión en el medio ambiente provocada por la acción antrópica o un elemento ajeno ha dicho medio, que genera consecuencias notables en él.

Límite de tolerancia: Máxima concentración de una materia perjudicial que puede soportarse en el medio durante un período de tiempo prolongado sin perjuicio. Cantidad de una sustancia química en los alimentos que se considera inocua para los seres humanos y los animales.

Plan de manejo ambiental: Se denomina plan de manejo ambiental al plan que, de manera detallada, establece las acciones que se requieren para prevenir, mitigar, controlar, compensar y corregir los posibles efectos o impactos ambientales negativos causados en desarrollo de un proyecto, obra o actividad; incluye también los planes de seguimiento, evaluación y monitoreo y los de contingencia.

Rehabilitación: Conjuntó de acciones mediante las cuales se persigue restablecer las condiciones originales alteradas de un ecosistema o de uno de sus elementos.

Residuales: Sustancias de desecho de un proceso fisiológico de producción que al incorporarse directamente al medio ambiente alteran su estado, por lo general de forma.

Sustentabilidad: Capacidad de un sistema para desarrollarse con los propios recursos, de manera tal que su funcionamiento no dependa de fuentes externas, sin que ello signifique que éstas no se consideren.

Taxonomía: La taxonomía es la ciencia que estudia los principios, métodos y fines de la clasificación. Este término se utiliza especialmente en Biología para referirse a una clasificación principalmente ordenada y jerarquiza de los seres vivos.

TULSMA: Texto Unificado de Legislación Secundaria del Medio Ambiente.

E. MATERIALES Y MÉTODOS

5.1 Materiales

En la presente investigación se utilizaron los siguientes equipos, herramientas e instrumentos:

5.1.1 Equipos

- GPS Marca: Trimblejuno SB N° de ID jup66410
- Cámara fotográfica Marca: Kónica NLT-7D N° 9896R6R7R76.
- Microscopio

5.1.2 Herramientas

- Botas de caucho
- Pinzas
- Red de nylon tipo D de 250 µm
- Guantes
- Frascos plásticos pequeños 10ml.
- Alcohol antiséptico al 75%
- Libreta de campo
- Lupa
- Mandil

5.1.3 Instrumentos

- Ubicación política de la Ciudad de Puyo Escala: 1:260:000

5.2   Métodos

5.2.1 Ubicación del área de estudio

El estudio se llevó a cabo en el Río Chichico, ubicado en la parroquia Tarqui, área rural del cantón Puyo, aproximadamente a 10 minutos de la ciudad de Puyo; se ha delimitado el área de estudio a 100 metros del río en cuatro puntos para la recolección de muestras y así poder analizar en qué situación se encuentra el recurso hídrico para su aprovechamiento. (GAD Tarqui)

5.2.2 Ubicación Política

La parroquia urbana Puyo tiene una extensión de 104 Km^2. como hemos visto cuando hablamos de Puyo como ciudad cabecera cantonal del cantón Pastaza y Capital de la Provincia en su perímetro urbano cada vez se extiende más lo que ha obligado al Municipio a ampliar el perímetro urbano, sus límites actualmente son:

- Norte: Con las parroquias Puyo y Veracruz.
- Sur: Con la parroquia Madre Tierra.
- Este: Con las parroquias Pomona y Madre Tierra.
- Oeste: Con las parroquias Madre Tierra y Shell.

Gráfico 1 Ubicación Política

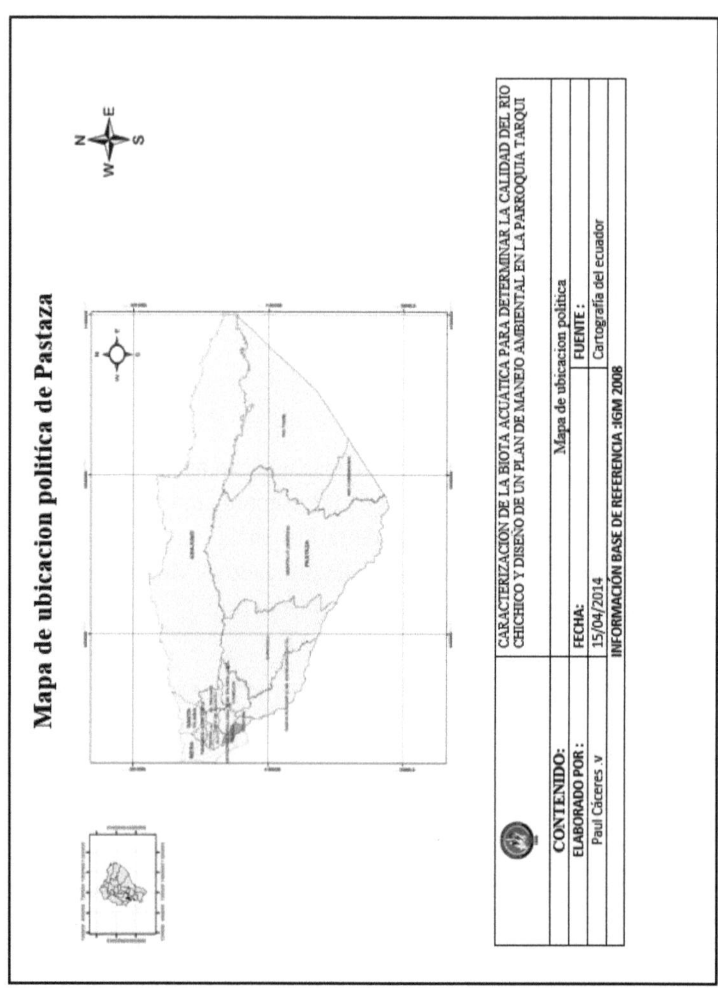

Elaborado por: El Autor

5.2.3 Ubicación Geográfica

El Puyo esta estratégicamente localizado en el centro de la amazonía ecuatoriana, a 4 horas de Quito y a 7 horas de Guayaquil.

Gráfico 2 Ubicación Geográfica

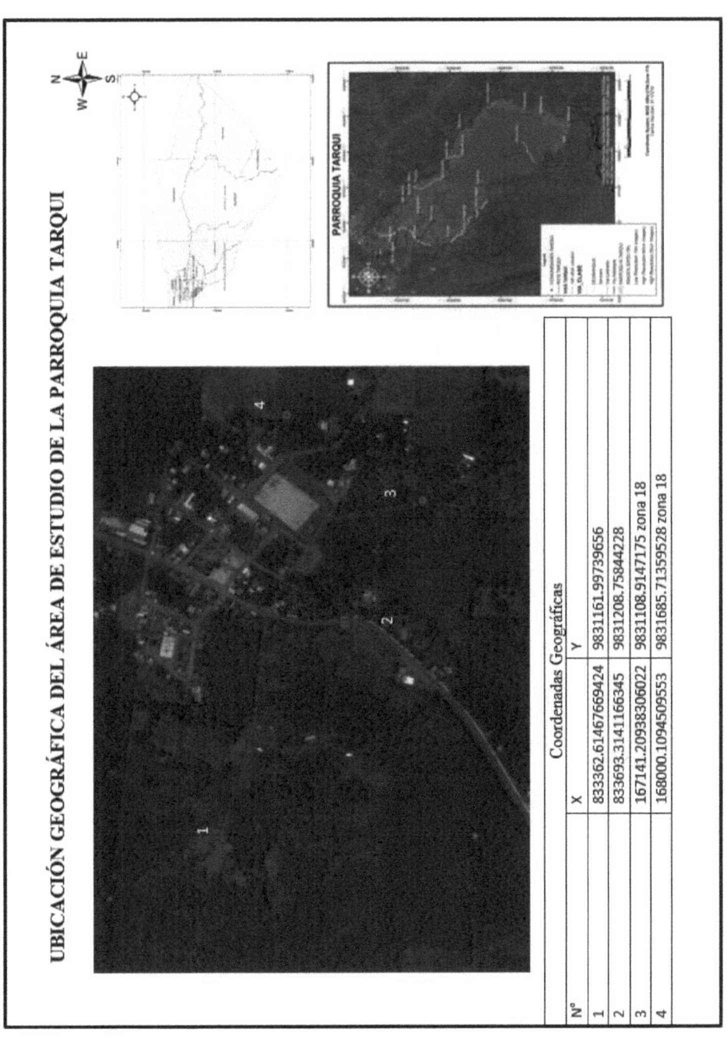

Elaborado por: El Autor

5.3   Aspectos biofísicos y climáticos

5.3.1   Aspectos biofísicos:

a)   Hidrografía

El sistema hidrográfico de la parroquia de Tarqui está comprendido por las cuencas del río Puyo y Putuimi. Otros ríos de importancia son el Salomé, Chichico, Pindo Grande, Chingushimi, Rosario Yacu y el estero Palimbe, Chicocoyak y Paliaba. (GAD Tarqui)

b)   Geomorfología

En área analizada comprende parte de las estribaciones orientales subandinas, de los Piedemontes cercanos con coberturas de cenizas volcánicas y los Paisaje Fluviales de los valles con terrazas no diferenciadas.

Los caracteres fisiográficos del área se hallan determinados por los eventos geológicos, tectónicos y climáticos ocurridos entre el Terciario superior y Cuaternario, así como por los agentes erosivos que aún siguen actuando a través del tiempo. (GAD Tarqui)

c)   Flora

Cuadro 3   Flora de la ciudad de Puyo

NOMBRE COMÚN	NOMBRE CIENTÍFICO	FAMILIA
Maní de Monte	*Caryodendron rinocense*	Euforbiáceas
Drago	*Croton sp*	Euphorbiaceae
Pambil	*Iriartea deltoidea*	Arecaceae
Uva de monte	*Pouruma bicolor*	Ericaceae
Caimito	*Pouteria caimito*	Sapotaceae
Chontaduro	*Bactris gasipaes*	Arecaceae

Ají	*Capsicum chinense*	Solanaceae
Fruta de pan	*Artocarpus altilis*	Moraceae
Maíz	*Zea mays*	Poaceae
Yuca	*Manihot esculenta*	Euphorbiaceae
Caña de Azúcar	*Saccharum officinarum*	Poaceae
Papaya	*Carica papaaya*	Caricaceae
Plátano	*Musa paradisiaca*	Musaceae
Orito	*Musa acuminatta*	Musaceae
Papa china	*Colocasia esculenta*	Araceae
Camote	*Ipomoea triloba*	Convolvulceae
Morete	*Mauritia flexuosa*	Araceae
Achote	*Miconia sp.*	Tucano

Elaborado por: El Autor

d) Fauna

Cuadro 4 Fauna de la zona

NOMBRE	NOMBRE	FAMILIA
Ardilla	*Sciurus ingiventris*	Esciúridos
Danta	*Tapirus Pinchaque*	Cathartidae
Guatusa	*Dasyprocta fuliginosa*	Dasyproctidae
Conejo	*Silvilagus brasiliesis*	Lepóridos
Murciélago chico	*Platyrrhinus lineatus*	Vespertiliónidos
Murciélago orejudo	*Tonatia silvicola*	Vespertilionidae
Raposa grande	*Didelphis marsupialis*	Mustelidae

Elaborado por: El Autor

5.3.2 Aspectos climáticos:

a) Pisos Climáticos.

El clima de la región es cálido y húmedo por el permanente estado pluvioso, que alcanza los 4.000 mm/año. Varía según los pisos climáticos y las alturas de las poblaciones. La luminosidad promedio es de 1003 horas/luz, con muy baja radiación debido a la nubosidad permanente. (Plan vial de la Provincia de Pastaza 2013 – 2025)

Entre la variedad de tipos de clima se pueden mencionar:

- **Tropical: Muy Húmedo Templado Cálido:** Corresponde a las zonas ubicadas sobre los 1.500 msnm, con temperaturas medias anuales entre 14°C y 18 °C, y precipitaciones medias anuales entre los 2.500 a 3.000 mm. Esta unidad se encuentra en el extremo este de la provincia y ocupa un 0,37 % del área total. (Plan vial de la Provincia de Pastaza 2013 – 2025)

- **Sub Tropical: Muy Húmedo:** Se ubica entre los 700 y 1.200 msnm, registrando una temperatura media anual entre los 16 y 20 °C, una precipitación media anual de 2.000 a 4.000 mm. Esta unidad constituye el 1,76 % del área total. (Plan vial de la Provincia de Pastaza 2013 – 2025)

- **Sub Tropical: Lluvioso:** Este es un micro clima ubicado en el osete de la cuenca, es una pequeña porción de toda la provincia aproximadamente un 3 % de la misma, se caracteriza por recibir precipitaciones mayores a los 3.000 mm, específicamente se registran valores de 4.000 a 5.000 mm, con una temperatura media de 22 a 24 °C, cercano a la población de Puyo. (Plan vial de la Provincia de Pastaza 2013 – 2025)

- **Tropical: Húmedo:** Es propio de las entre los 200 y 800 msnm, en los que se registra una temperatura media anual de 22 y 26 °C, una precipitación media anual de 2.000 a 4.000 mm. Esta unidad se encuentra en el extremo este de la provincia afectando al 93,72 % de la misma. (Plan vial de la Provincia de Pastaza 2013 – 2025)

b)   Clima

Para describir las características climáticas principales de la parroquia Tarqui, el análisis de estas condiciones se tomó de los datos del INAHMI del año 2010, de la Estación Meteorológica Puyo; sus conclusiones son prácticamente valederas para todos los sectores específicos, puesto que las condiciones climáticas tienen un carácter regional y prácticamente no cambian en cortas distancias.(INAHMI)

c)   Precipitación

Respecto a la cantidad de lluvia caída sobre el territorio anualmente; al ser el clima de la región mega térmico lluvioso, el total bordea los 4.442mm, conforme con su carácter ecuatorial las lluvias son abundantes todos los meses, ligeras máximas se presentan en marzo, abril, mayo y junio, y las mínimas se presentan más frecuentemente en los meses de julio, agosto y septiembre. Los meses más lluviosos presentan en promedio valores de 445,5 y los meses secos presentan valores de hasta 273,8mm.

La ciudad se encuentra sometida a la acción de intensas lluvias durante la mayor parte del año, especialmente durante el periodo comprendido entre los meses de abril y julio. La precipitación media multi anual determinada en la estación Tena es 3.898,3mm. (INAHMI).

d)   Temperatura

El clima de Húmedo Tropical, tipo ecuatorial, es decir siempre cálido y húmedo. La temperatura promedio anual de la región es de 20,8°C, con una muy débil variabilidad a lo largo del año. Las máximas absolutas se establecen cerca de 32,6°C y las mínimas absolutas son de 12,1°C para pocos días y horas de friajes.(INAHMI)

e)   Rango de altitud

Los rangos altitudes para Tarqui oscilan desde los 838 a 1.091 msnm y presenta una fisiografía variada que van desde Relieves Sub andinos, Piedemontes de la Amazonía, y Paisaje Fluviales.(INAHMI)

5.4   Tipo De Investigación:

La investigación corresponde a un diseño no experimental; se basa en la investigación de campo, investigación descriptiva y documental; consta de la observación directa, mediante mapas, registros, recolección de datos, revisión bibliográfica, análisis de aguas en laboratorio, índices biológicos para determinar la calidad de agua del Río Chichico.

Tomando en consideración procesos a seguir y aplicar, siendo de vital importancia para la consecución de los objetivos propuestos.

a)   Investigación descriptiva.- La investigación descriptiva permite detallar y explicar un problema u objeto fenómeno natural o social, a fin de determinar características del problema observado.

La presente investigación permitió recopilar toda la información necesaria de un fuente directa en este caso el Río Chichico y a partir de esto determinar sus alteraciones en los factores bióticos.

b)   Investigación de campo.- Todo proceso investigativo requiere ser analizado in situ para posterior análisis en laboratorios, es así que en el presente estudio, está investigación fue fundamental, ya que la caracterización de la biota acuática se la realizó en el Río Chichico, a partir de esto permitió establecer límites permisibles de la calidad del agua.

c)   Investigación documental.- La investigación documental permitió establecer toda la fundamentación teórica y los métodos y técnicas a ser aplicados en el monitoreo in situ, así como también establecer la propuesta de manejo ambiental de acuerdo a estudios realizados.

5.5 Determinar el procedimiento para el muestreo e identificación de macro invertebrados en cuatro puntos del Río Chichico.

Para la identificación de los macro invertebrados en el lugar de estudio se establecieron cuatro puntos de muestreo:

5.5.1 Ubicación de los sitios de muestreo

Los sitios de muestreo fueron georreferenciados cada 100m., con la ayuda de un GPS portátil marca Trimblejuno SB N° de ID jup66410, se procedió a un recorrido de reconocimiento aguas arriba por el Río Chichico, donde se aplicó las siguientes recomendaciones dadas por (Carrera y Fierro, 2001). (Ver anexo 1 Puntos georreferenciados para muestreo de macro invertebrados)

Tomando en consideración y haciéndonos las siguientes preguntas:

• ¿La orilla tiene abundante vegetación?
• ¿Hay áreas con gran variedad de especies de animales y plantas?
• ¿Existen cultivos cerca del río?
• ¿Hay ganado en la cuenca cercana?
• ¿Existen áreas del río canalizadas, represadas o desviadas para riego?
• ¿El agua es correntosa y transparente?
• ¿Tiene olores extraños?
• ¿Hay basura, plantas o troncos cortando el flujo del agua y creando pozas?
• ¿Se arrojan al río desechos sólidos o industriales?
• ¿Existen derrumbes en los bancos?
• ¿El río tiene muchas corrientes, pozas y rápidos, una a continuación de otra?

5.5.2 Recolección de la muestra

El muestreo se realizó utilizando una red Surber de 30 x 30 cm de área de superficie y 0,5 mm de abertura de malla; según (Carrera y Fierro, 2001). El arco se colocó en el fondo en contra de la corriente y con las manos se removió el material en el fondo que está dentro de la base o marco de metal durante un minuto; para hacerlo, se colocó a un lado de la red, para no bloquear con el cuerpo la corriente de agua e impida el ingreso de sedimento a la red.

Una vez recogido el sedimento, las muestras recolectadas fueron colocadas en una bandeja de color blanco para una mayor visibilidad, donde fueron separados los macro invertebrados del sedimento y otras partículas.

5.5.3 Monitoreo y control

En la fase de campo, se realizó cuatro muestras, uno por cada punto de muestreo a lo largo del Río Chichico, la distancia está definida cada 100m; para identificar las familias de macro invertebrados existentes.

5.5.4 Fijación de la Muestra

Los macro invertebrados recolectados fueron colocados en frascos de plástico con capacidad de 10ml, y para preservar la muestra se colocó alcohol al 70%.

5.5.5 Etiquetado y transporte de la muestra

Se etiquetó el recipiente con la siguiente información: código, fecha, nombre de la persona que hace el muestreo, coordenadas y posteriormente se los llevaron al laboratorio de la Escuela Superior Politécnica de Chimborazo (ESPOCH) para su identificación.

5.5.6 Análisis en laboratorio

En el laboratorio, las muestras fueron separadas y los macroinvertebrados fueron retirados del sustrato con la ayuda de una pinza tipo relojero y posteriormente fueron colocados en una caja Petri y luego llevados al microscopio para su identificación; donde se observó características físicas.

Los macro invertebrados colectados se guardaron en tubos de ensayo con alcohol al 70%. La identificación de los ejemplares se la realizó a través de claves dicotómicas, usadas para la entomofauna acuática neotropical (Domínguez y Fernández, 2009; Fernández. y Domínguez, 2005; Manzo, 2005; Merritt y Cummins, 1988; Roldán, 1988; Salles, 2006).

Foto 1

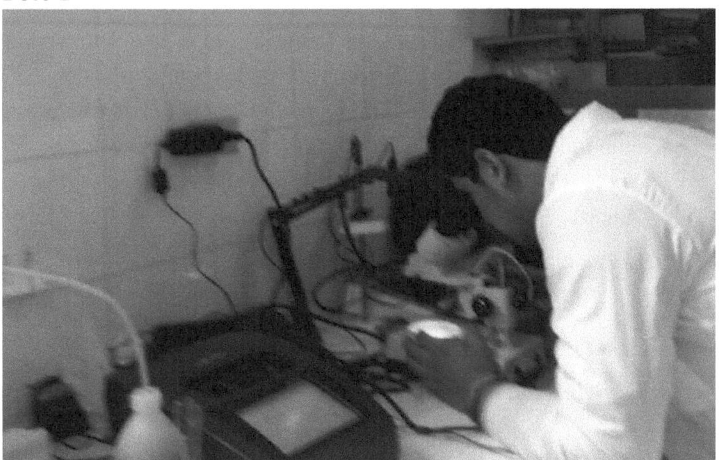

Identificación de macro invertebrados en el laboratorio

5.5.7 Análisis de resultados

Una vez identificadas las familias de macroinvertebrados se utilizó el cálculo del índice EPT se refiere a la presencia o ausencia de los órdenes Ephemeroptera, Plecoptera y Trichoptera en una comunidad biológica. Por ser las especies de estos grupos de insectos sensibles a las perturbaciones humanas. (Carrera y Fierro, 2005)

5.5.8   Índice EPT (Ephemeroptera, Plecoptera y Trichoptera)

Este análisis se hizo mediante el uso de tres grupos de macroinvertebrados que son indicadores de la calidad del agua porque son más sensibles a los contaminantes.

Estos grupos son: Ephemeroptera o moscas de mayo, Plecoptera o moscas de piedra y Trichoptera. Se debe aplicar las hojas de campo para el análisis EPT.

Se llenó una de estas hojas por cada área de muestreo. Una vez que haya identificado los grupos presentes en cada área, se anotó en la columna de **Abundancia de Individuos** de la Hoja de Campo, la cantidad de macroinvertebrados frente al grupo que corresponde. Si algún grupo no correspondía a ninguno de los grupos que constan en la lista, se anotó el número de individuos frente a la fila de **Otros grupos**. Se sumó todos los números de la columna de abundancia de individuos y se anotó el resultado en el cuadro de **Total**. (Ver anexo tabla 1: Hoja de Campo)

5.6   Evaluar la calidad física y química del agua del Río Chichico.

5.6.1   Selección de puntos de muestreo:

Los sitios de muestreo fueron georreferenciados cada 100m., con la ayuda de un GPS portátil marca Trimblejuno SB N° de ID jup66410, se procedió a un recorrido de reconocimiento aguas arriba por el Río Chichico, donde se aplicó como referencia la Norma Técnica Ecuatoriana NTE INEN 2 169:98. **(Ver anexo foto 2, 3, 4, 5 del sitio de muestreo de aguas)**

5.6.2 Procedimiento para la colecta, preservación y almacenamiento de muestras para laboratorio.

a) Tipo de muestras

- **Muestra compuesta:**

Se obtuvo muestras compuestas de manera manual, se tomó continuamente cuatro muestras simples, tomadas en diferentes puntos, en función del ancho y la profundidad del río, con la ayuda de un envase calibrado por litros, con el fin de cumplir con todas las condiciones y requerimientos específicos para el análisis en el laboratorio.

b) Llenado del recipiente

Para el análisis de los parámetros físicos – químicos se llenó los galones completamente y se los tapo de inmediato de forma que no exista aire sobre la muestra.

c) Tipos de recipientes para las muestras

Se utilizó botellas de polietileno con capacidad para un galón para la toma de muestras en las que se realizó para el análisis de los parámetros físicos y químicos de las aguas del Río Chichico.

d) Identificación y registro

Para la identificación y registro de las muestras se elaboró un membrete donde se incluyó la siguiente información:

- localización (y nombre) del sitio del muestreo, con coordenadas y cualquier información relevante de la localización;
- detalles del punto de muestreo;
- fecha de la recolección;
- método de recolección;
- hora de la recolección;

- nombre del recolector;
- datos recogidos en el campo.

Y luego inmediatamente fue adherida   al galón luego de ser llenado el membrete. (Observar anexo de fotos 6,7)

e)   Transporte de la muestra

Los recipientes (galones) con las muestras fueron colocados en un cooler, a una temperatura de 4 – 5 °C, se envió inmediatamente al laboratorio de la Escuela Politécnica del Chimborazo (ESPOCH), para su respectivo análisis. (Observar anexo foto 8)

f)   Parámetros para análisis de laboratorio

Los parámetros físicos - químicos seleccionados de acuerdo al criterio técnico del investigador sustentando en la Normativa del Texto Unificado de Legislación Ambiental Secundario, Libro VI, Tabla N°01, sobre el uso de agua de consumo humano y uso doméstico, se consideró este medida, ya que la comunidad hace uso del recurso hídrico para consumo en sus hogares, por lo que es de gran importancia conocer los límites máximos permisibles que contiene el agua a fin de establecer si cumple o no con la normativa vigente, a su vez determinar la calidad del agua que circula por el Río Chichico, esto servirá para establecer medidas correctivas, en la propuesta del Plan de Manejo Ambiental.

Cuadro 5 Parámetros físico – químicos para determinar la calidad de agua del   Río Chichico.

ANÁLISIS	PARÁMETROS	UNIDAD
	Sólidos Disueltos Totales	mg/l
FÍSICOS	Conductividad	μs/cm
	Potencial de Hidrógeno	
	DBO	mg/l
QUÍMICOS	DQO	mg/l
	Oxígeno disuelto	mg/l

	Fosfato	mg/l
	Nitrato	mg/l
	Nitrito	mg/l
	Sulfato	mg/l

Elaborado por: El Autor

5.7   Proponer un Plan de Manejo en base a los resultados del análisis biológico y fisco - químico realizado en el Río Chichico.

Para proponer soluciones frente a los posibles problemas ambientales existentes en el Río Chichico, es necesario incorporar el Plan de Manejo Ambiental, con el objetivo de mitigar, prevenir o controlar los posibles impactos generados por las diferentes actividades humanas a lo largo de las riberas del río área en análisis. Para lo cual presentamos la siguiente estructura de la propuesta del Plan de Manejo ambiental.

1. Introducción
2. Objetivo
3. Alcance
4. Propuesta del Plan de Manejo Ambiental
5. Programa para prevención y mitigación ambiental
6. Programa para el manejo de desechos (PMD)
7. Programa para capacitación ambiental
8. Programa para rehabilitación de áreas afectadas
9. Programa para Monitoreo Ambiental
10. Programa de presupuesto para el Plan de Manejo Ambiental.

5.7.1   Introducción

El contenido de este ítem es en base a la problemática y objetivos desarrollados en la presente investigación, información que sirve como para la elaboración del Plan de Manejo Ambiental para la recuperación del Río Chichico.

5.7.2   Objetivo

Los objetivos estarán enmarcados de acuerdo a las necesidades de prevenir, controlar y mitigar posibles impactos negativos en las riberas del Río Chichico.

5.7.3   Alcance

Describirá el área y los actores que van a estar involucrados en el Plan de Manejo Ambiental.

5.7.4   Propuesta de Plan de Manejo Ambiental

En este capítulo se detalla cómo está diseñado el Plan de Manejo Ambiental con sus respectivos programas para su propuesta de ejecución, con el fin de recuperar la calidad de aguas del Río Chichico.

a)   **Programa para la Prevención y Mitigación Ambiental**: Partiendo del criterio de que siempre es mejor prevenir y minimizar la ocurrencia de impactos ambientales negativos y sociales, que mitigarlos o corregirlos. Las medidas de mitigación ambiental tienen por finalidad evitar o disminuir los efectos adversos del proyecto o actividad, cualquiera sea su fase de ejecución.

b)   **Programa para el Manejo de Desechos:** Orientados a establecer criterios para identificar, categorizar, reciclar, rehusar, controlar y disponer los desechos degradables y no degradables, peligrosos y no peligrosos, industriales y domésticos a generarse, en conformidad con las regulaciones y normas ambientales.

c) **Programa para Capacitación Ambiental:** Mediante la identificación del contenido mínimo necesario para que las personas lleven adelante las tareas de un buen manejo del recurso hídrico.

d) **Programa para la Rehabilitación Ambiental:** Implica la recuperación en el tiempo de la morfología y la cobertura vegetal de las áreas impactadas.

e) **Programa para Monitoreo:** Enfocado a la obtención de información analítica para: Realizar el seguimiento relacionado con la restauración de las áreas intervenidas y/o afectadas.

f) **Programa de presupuesto para el Plan de Manejo Ambiental:** Donde se desglosa el costo de cada uno de los programas para ser ejecutados:

F.   RESULTADOS

6.1   Identificar la presencia de macro invertebrados en cuatro puntos del Río Chichico.

En el punto 1 del Río Chichico, se identificaron 14 familias, distribuidas en 5 órdenes pertenecientes a la clase insecta especies que se observaron durante el levantamiento de campo en los meses de mayo, junio y julio del 2014, información que se señalan en la Tabla 1. (Ver anexo de fotos 9,10)

Tabla 1 Resultados punto de muestreo 01

REINO	PHYLUM	CLASE	ORDEN	FAMILIA	ABUNDANCIA		INDICE DE EPT PRESENTES
					N	%	S
Animalia	Arthropoda	Insecta	Ephemeroptera	Baetidae	20	21,74	20
Animalia	Arthropoda	Insecta	Diptera	Ceratopogonidae	4	4,35	0
Animalia	Arthropoda	Insecta	Diptera	Chironomidae	5	5,43	0
Animalia	Arthropoda	Insecta	Neuroptera	Corydalidae	6	6,52	0
Animalia	Arthropoda	Insecta	Coleoptera	Elmidae	8	8,70	0
				Euthyplociidae	2	2,17	2
				Glossosomatidae	1	1,09	1
Animalia	Arthropoda	Insecta	Trichoptera	Hydropsychidae	15	16,30	15
Animalia	Arthropoda	Insecta	Trichoptera	Leptoceridae	10	10,87	10
Animalia	Arthropoda	Insecta	Trichoptera	Leptohyphidae	5	5,43	5
				Oligochaeta	2	2,17	0
				Oligoneuridae	3	3,26	3
				Perlidae	5	5,43	5
				Philopotamidae	1	1,09	1
				Otros grupos	5	5,43	0
				TOTAL	92	100	62

				EPT TOTAL ÷ ABUNDANCIA TOTAL	ABUNDANCIA TOTAL	62÷92 = 0,63 0,63 x 100 = 63%

Elaborado por: El Autor

En la tabla 6, se señala que de acuerdo a la metodología índice EPT, en la que se determinó que la calidad del agua en el punto de muestreo N°01 es buena, ya que su valoración es del 63%.

Gráfico 3

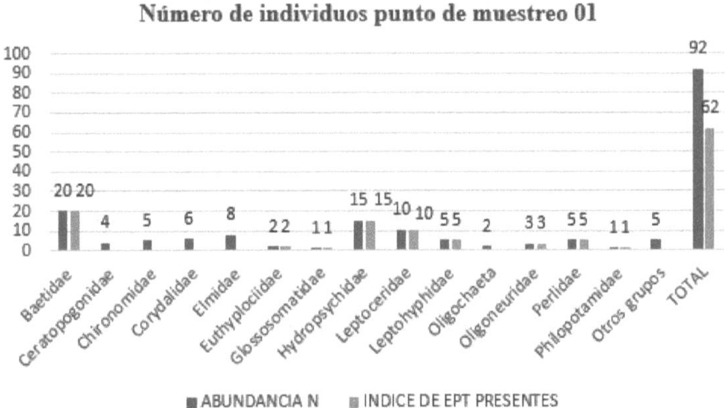

Elaborado por: El Autor

Interpretación: según el gráfico 3, se identificó 20 individuos correspondientes a la familia Baetidae, son insectos adaptados a vivir en hábitats acuáticos muy diferentes, son buenos nadadores, ciertas especies son sensibles a la contaminación, pero también existe especies tolerantes a niveles moderados de contaminación orgánica, por lo que se puede determinar y de acuerdo al número de ejemplares encontrados en el Río Chichico, tiene un nivel bajo de materia orgánica.

También se encontró 4 individuos correspondiente a la familia Ceratopogonidae, estos insectos pertenecen al grupo de dípteros, se adaptan a distintos ambientes, al encontrar un número relativamente bajo, no se puede tomar como un indicador para la evaluación de la calidad del Río Chichico.

En el caso de la familia **Chironomidae, se encontró 5 individuos, que son indicadores biológicos que determinan la usencia de** oxígeno, por su número reducido no se puede tomar como un indicador para la evaluación de la calidad del Río Chichico.

Familia Corydalidae , se encontró 6 especímenes esta clase de insectos fueron de fácil identificación por que presentaron grandes alas de venación protuberante, a las anteriores poco más grandes que las posteriores, se observó tres ocelos en la cabeza y antenas filiformes, al ser sus larvas buenos indicadores de calidad de agua, se determina calidad buena, mas no alta.

Familia: Elimidae , se recolecto 8 ejemplares que viven en arroyos y ríos, se encontraron tanto larvas como adultos, en el punto de muestreo número uno, estos ejemplares se encontraron en zonas donde se acumulan restos vegetales, de los cuales se alimentan, precisan de aguas oxigenadas, por lo que es un ejemplar que se puede asociar a la calidad de agua, los ejemplares encontrados fueron en bajo número por lo que no se puede hablar de calidad óptima de agua en el Río Chichico.

Familia: Euthyplociidae se recolecto 2 ejemplares se encontraron en el Río Chichico tan solo dos adultos de color gris, pardusco oscuro, con una raya media clara en el abdomen, sus alas grandes, y su envergadura fue de 70 mm, al ser buenos indicadores de aguas limpias, se determina debido al bajo número de ejemplares que la calidad del agua del Río no es adecuada.

Familia: Glossosomatidae se encontró 1 ejemplar este único ejemplar se encontró en larva en una zona de sustrato pedregoso del Río Chichico, su característica física observada fue en forma de grano de café, de fondo plano y con dos aberturas, estos ejemplares son considerados como indicadores de calidad de agua, por lo que tan solo por encontrar un solo ejemplar, se considera que la calidad de agua del

Río Chichico, no es el adecuado, concordando con los otros ejemplares encontrados.

Familia Hydropsychidae se encontraron 15 ejemplares, Estos ejemplares fueron fácilmente reconocidos por presentar branquias abdominales ventrales, así como el tórax totalmente esclerotizado, estas familias fueron encontradas a lo largo del tramo del río, en el caso de la Hydropsychidae, no son considerados como grupos de indicadores de calidad de agua. Lo que su número encontrado no significa la calidad alta o baja del agua en el Río Chichico.

Familia: Leptohyphidae 10 ejemplares, Los ejemplares de Leptohyphidae se describieron por su cuerpo ligeramente aplanado, con amplio mesotórax, sus patas con fémures anchos y en el primer par una hilera transversal de setas o espinas, los individuos fueron encontrados en el Río en una zona de hojarascas, al ser una familia que se adapta fácilmente a diferentes ambientes y calidades de agua, no es un ejemplar que nos ayude a determinar la calidad óptima de agua del Río Chichico.

Familia: Leptoceridae 5 ejemplares, Se encontraron ejemplares con estuches largos de variada composición, el tercer par de patas se observaron mucho más largas, en el caso de esta familia al ser muy sensibles a la contaminación e indicadores de buena calidad, por su número bajo de ejemplares encontrados, se determina que no existe un ambiente óptimo.

Familia: Oligochaeta 2 ejemplares, este grupo fue heterogéneo, este ejemplar se adapta a diferentes ambientes, son un grupo eminentemente detritívoro, son muy abundantes en aguas ricas con materia orgánica, por lo que se podría determinar que en el Río Chichico hay distribución baja de materia orgánica, son muy sensibles a la contaminación química, lo que puede denotar incidencia de ella, por tan solo encontrar dos ejemplares, muchas de estas familias pueden vivir en condiciones de anoxia, lo que hace que se consideren útiles como indicadores de alta calidad, objeto de estudio en la presente investigación.

Familia Oligoneuridae 3 ejemplares, en el muestreo de observó a este grupo con características de cuerpo aplanado muy característico e hidrodinámico, el cual les permite vivir en zonas de fuerte corriente, este grupo con elevados requisitos térmicos, pero que pueden soportar cierto grado de contaminación orgánico, y encontrándose en bajo número concuerda con los ejemplares anteriores en que en el Río Chichico la cantidad de materia orgánica es bajo.

Familia Perlidae 5 ejemplares, se encontraron larvas grandes de colores vivos con branquias torácicas en penacho, este tipo de ejemplar vive en arroyos y ríos de agua oxigenada, esta familia son depredadores activas de otros pequeños invertebrados y pueden convertirse en caníbales y comerse otros pequeños de su grupo, en este caso al ser buenos indicadores de calidad ambiental, se considera que tan solo por haber encontrado 5 ejemplares, la calidad de Río Chichico no es el adecuado.

Familia Philopotamidae 1 ejemplar, se encontró un solo tricóptero con larva libre, cuyo esclerito dorsal y cabeza eran de color naranja, en este caso requieren de una elevada concentración de oxígeno por lo que son excelentes indicadores de buena calidad, al encontrar un solo individuo se determina en el Río Chichico baja calidad ambiental.

Tabla 2 Resultados punto de muestreo 02

REINO	PHYLUM	CLASE	ORDEN	FAMILIA	ABUNDANCIA		INDICE DE EPT PRESENTES
					N	%	S
Animalia	Arthropoda	Insecta	Ephemeroptera	Baetidae L.	15	16,48	15
Animalia	Arthropoda	Insecta	Diptera	Ceratopogonidae	4	4,40	0
Animalia	Arthropoda	Insecta	Diptera	Chironomidae	4	4,40	0
Animalia	Arthropoda	Insecta	Neuroptera	Corydalidae	8	8,79	0
Animalia	Arthropoda	Insecta	Coleoptera	Elmidae	9	9,89	0
				Euthyplociidae	1	1,10	1
				Glossosomatidae	2	2,20	2
				Hydrobiosidae	5	5,49	5
Animalia	Arthropoda	Insecta	Trichoptera	Hydropsychidae	4	4,40	4

Animali a	Arthropod a	Insect a	Trichoptera	Leptoceridae	5	5,49	5
Animali a	Arthropod a	Insect a	Trichoptera	Leptohyphidae	5	5,49	5
Animali a	Arthropod a	Insect a	Trichoptera	Leptophlebiida e	1	1,10	1
				Oligoneuridae	2	2,20	2
				Perlidae	1	1,10	1
				Philopotamidae	6	6,59	6
				Psephenidae	5	5,49	0
				Ptilodactylidae	1	1,10	0
				Pyralidae	3	3,30	0
				Otros grupos	10	10,99	0
				TOTAL	91	100	47
				EPT TOTAL ÷ ABUNDANCIA TOTAL	ABUNDANCIA TOTAL		47÷91 = 0,51 0,51 x 100 = 51%

Elaborado por: El Autor

De acuerdo a la metodología índice EPT, se determinó que la calidad del agua en el punto de muestreo N°02 es buena, ya que su valoración es del 51%.

Gráfico 4

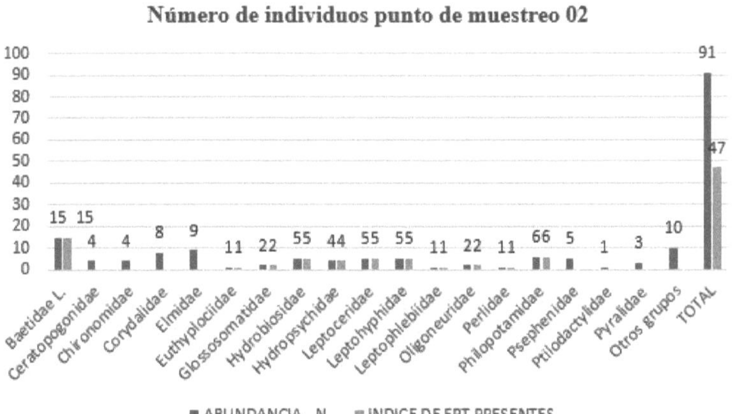

Elaborado por: El Autor

Interpretación : En el según el gráfico 4 se encontraron familias similares como en el punto de muestreo número uno entre ellas: Baetidae 15, Ceratopogonidae 4, Chironomidae 4, Corydalidae 8, Euthyplociidae 1, Glossomatidas 2, Hydropsychidae 5, Leptohyphidae 5, Oligoneuriidae 2, Perlidae 1, Philopotamidae 6 y Leptoceridae 5, para lo cual su análisis se ha determinado a lo desarrollado en los resultados de punto de muestreo número uno, dándose importancia a las familias que no se encontraron en este punto como se detalla a continuación:

Familia: Hydrobiosidae 4 ejemplares, en el lugar de estudio se encontraron 5 insectos de color canela café oscuro, su tamaño era medio de 10mm., con características como: antenas casi largas como sus alas, estos individuos fueron encontrados sobre piedras del río.

Familia: Leptophlebiidae 1 ejemplar, Es la familia menos representativa con un solo ejemplar fue hallado en una zona con hojarasca en descomposición y hongos, en el caso de este individuo al ser un grupo que no tolera la contaminación ni las alteraciones de vegetación de ribera, por tanto son consideradas excelentes indicadores de calidad, se determina que el agua del Río Chichico no es de óptima calidad.

Familia: Psephenidae 5 ejemplares, estos coleópteros se identificaron por su cuerpo aplanado, ovalado, pubescentes, con patas cortas, estos ejemplares al ser considerados como indicadores de agua limpia por necesitar altos requerimientos de oxígeno y tomando en consideración el bajo número de ejemplares, se puede determinar que la calidad de agua del Río no es óptima.

Familia: Ptilodactylidae 1 ejemplar, este único ejemplar se identificó por su cuerpo cilíndrico y completamente esclerotizado de color café claro o relativamente oscuro, sus antenas largas, patas torácicas relativamente pequeñas, este individuo es sensible a la contaminación, cuya presencia en gran población indica una muy buena calidad de agua, al tener un solo ejemplar se determina que el agua del Río no es de buena calidad.

Familia: Pyralidae 3 ejemplares, estos tres ejemplares se encontraron en una zona pedregosa, estos individuos con buenos indicadores de aguas, su número relativamente bajo denota la baja calidad de agua del sector.

Tabla 3 Resultados punto de muestreo 03

REINO	PHYLUM	CLASE	ORDEN	FAMILIA	ABUNDANCIA		INDICE DE EPT PRESENTES
					N	%	
Animalia	Arthropoda	Insecta	Ephemeroptera	Baetidae	18	38,30	18
Animalia	Arthropoda	Insecta	Diptera	Ceratopogonidae	4	8,51	0
Animalia	Arthropoda	Insecta	Diptera	Chironomidae	2	4,26	0
Animalia	Arthropoda	Insecta	Neuroptera	Corydalidae	6	12,77	0
Animalia	Arthropoda	Insecta	Coleoptera	Elmidae	4	8,51	0
				Hirudinea	4	8,51	0
				Hydrobiosidae	3	6,38	3
				Leptohyphidae	2	4,26	2
				Otros grupos	4	8,51	0
				TOTAL	47	100	23
				EPT TOTAL ÷ ABUNDANCIA TOTAL	ABUNDANCIA TOTAL		28÷47 = 0,59 0,59 x 100 = 59%

Elaborado por: El Autor

De acuerdo a la metodología índice EPT, se determinó que la calidad del agua en el punto de muestreo N°03 es regular, ya que su valoración es del 59%.

Gráfico 5

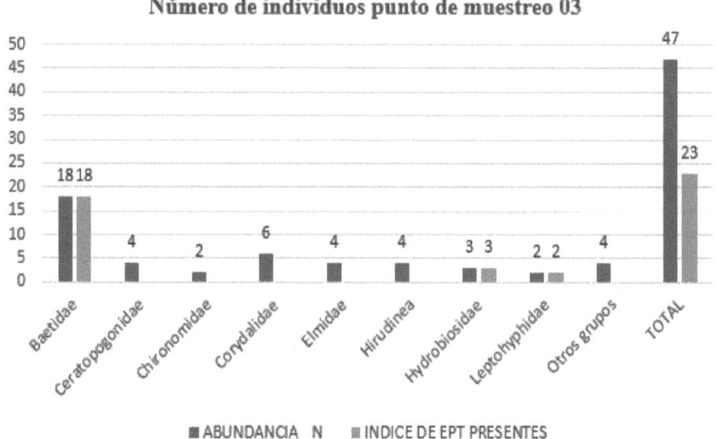

Elaborado por: El Autor

Interpretación: En el gráfico número cinco, se identificaron especies similares localizadas en el punto de muestreo uno y dos, tales como: Baetidae 38,30%, Ceratopogonidae 8,51%, Chironomidae 4,26%, Corydalidae 12,77%, Leptohyphidae 4,26%, en donde se puede encontrar el análisis respectivo para este caso, como familias nuevas tenemos las siguientes:

Familia: Hirudinea 4 ejemplares, esta clase de filo anélidos fueron encontrados en número bajo, yacieron de fácil identificación ya que son las conocidas sanguijuelas, son buenos indicadores de calidad ambiental, como en el caso de las otras familias identificadas, por su población relativamente baja se determina baja calidad de agua.

Familia: Hydrobiosidae 3 ejemplares, se encontraron un número muy bajo de esta familia, los insectos encontrados presentaron características como: color canela a café oscuro, con áreas de colores claros u oscuros en patrones llamativos, en alas anteriores, estos ejemplares denotan calidad de agua, por tanto por su número, se establece que la calidad no es óptima.

Tabla 4 Resultados punto de muestreo 04

REINO	PHYLUM	CLASE	ORDEN	FAMILIA	ABUNDANCIA		INDICE DE EPT PRESENTES
					N	%	S
Animalia	Arthropoda	Insecta	Ephemeroptera	Baetidae	10	32,26	10
Animalia	Arthropoda	Insecta	Diptera	Chironomidae	2	6,45	0
Animalia	Arthropoda	Insecta	Neuroptera	Corydalidae	6	19,35	0
Animalia	Arthropoda	Insecta	Coleoptera	Elmidae	4	12,90	0
				Hirudinea	4	12,90	0
Animalia	Arthropoda	Insecta	Trichoptera	Hydrobiosidae	1	3,23	1
Animalia	Arthropoda	Insecta	Trichoptera	Leptohyphidae	2	6,45	2
				Otros grupos	2	6,45	0
				TOTAL	31	100	13
				EPT TOTAL ÷ ABUNDANCIA TOTAL	ABUNDANCIA TOTAL		13÷31 = 0,38 0,38 x 100 = 38%

Elaborado por: El Autor

De acuerdo a la metodología índice EPT, se determinó que la calidad del agua en el punto de muestreo N°04 es regular, ya que su valoración es del 38%.

Gráfico 6

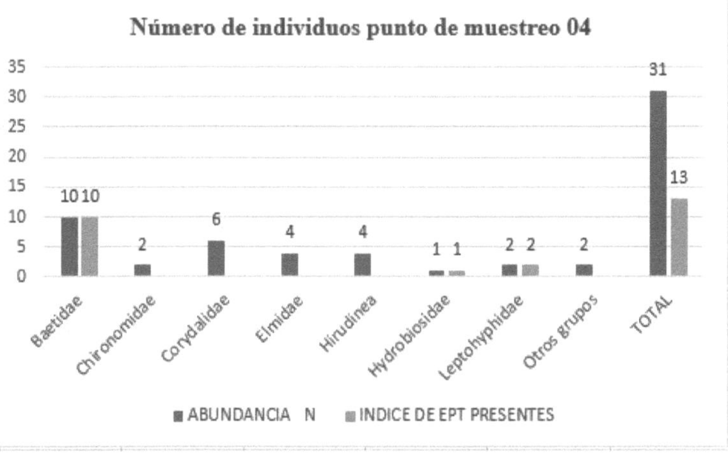

Elaborado por: El Autor

Interpretación: En el grafico número seis, se determinó especies similares a los anteriores puntos, no se distinguió ninguna nueva especie, por tanto el análisis se mantiene, encontrándose Baetidae 10, Chironomidae 2, Corydalidae 6, Elmidae 4, Hirudinea 4, Hydrobiosidae 1%, Leptohyphidae 2%, otros grupos 2.

6.2 Evaluar la calidad física y química del agua del Río Chichico.

Para la presente investigación se tomó muestras de agua de los cuatro puntos señalados anteriormente para lo cual se estableció el uso de agua en límites máximos permisibles para aguas de consumo humano y uso doméstico, que únicamente requieren tratamiento convencional de acuerdo a la Tabla 1 del Libro VI Anexo 1 norma de la calidad ambiental y de descarga de efluentes del Texto Unificado de Legislación Ambiental Secundario.(ver anexo foto ,7)

En los análisis de laboratorio realizados se determinó los siguientes límites permisibles:

Tabla 5 Resultados de laboratorio punto de muestreo 01

Determinaciones	Unidades	Método	Límite TULAS	Resultados	CUMPLIMIENTO
pH	Und	4500-B	6 – 9	6,17	SI
Conductividad	µSiems/cm	2510-B		37,2	-
DQO	mg/L	5220-C		1	-
DBO	mg/L	5210-B	2,0	1	SI
Oxígeno disuelto	mg/L	4500-O-C	No menor a 6 mg/l	6,2	SI
Nitratos	mg/L	4500-NO3-C	10,0	<0.01	SI
Nitritos	mg/L	4500-NO2-B	1,0	0.009	SI
Fosfatos	mg/L	4500-P-D		0.08	-
Hierro	mg/L	3500-Fe-D	1,0	0.71	SI
Sólidos totales disueltos	mg/L	2540-C	1.000	14.9	SI

Elaborado por: El Autor

De acuerdo al análisis realizado en el laboratorio se determina que en el punto de muestreo N° 01, todos los parámetros si cumplen con los límites permisibles pero sin embargo existe la presencia de materia orgánica, por la leve alteración de la demanda bioquímica de oxígeno y de los nitratos y nitritos. (Ver anexo foto 11 : Punto 1).

Los elementos orgánicos existen de dos formas: biodegradables y no biodegradables. Las sustancias biodegradables son usadas por los microorganismos como alimento. Para realizar la oxidación o reducción de los mismos los microorganismos necesitan oxígeno. La demanda Biológica de Oxígeno, la misma que existe na leve alteración y hay que poner mucha atención en este parámetro, por ser la medida de la cantidad de oxígeno que necesitan los microorganismos para degradar los elementos orgánicos contenidos en el agua, por tanto es perjudicial para la vida misma y el desarrollo de los macroinvertebrados.

Presencia de nitratos existe leve presencia de nitraros, este parámetro afecta el equilibrio y disminuye el nivel de oxígeno del agua, en este medio los nitratos también actúan como fertilizantes de la vegetación acuática de tal manera que, si se concentran pueden originarse la eutrofización del medio. En un medio eutrofizado se produce la proliferación de especies como algas y otras plantas verdes que cubren la superficie, este fenómeno produce la merma de la capacidad fotosintética de los organismos acuáticos, con la consecuente muerte de peces u otras especies acuáticas y pérdida de la biodiversidad.

Tabla 6 Resultados de laboratorio punto de muestreo 02

Determinaciones	Unidades	Método	Límite TULAS	Resultados	CUMPLIMIENTO
pH	Und	4500-B	6 – 9	6,14	SI
Conductividad	µSiems/cm	2510-B		17	-
DQO	mg/L	5220-C		7	-
DBO	mg/L	5210-B	2,0	3	NO
Oxígeno disuelto	mg/L	4500-O-C	No menor a 6 mg/l	6,15	SI
Nitratos	mg/L	4500-NO3-C	10,0	<0.01	SI
Nitritos	mg/L	4500-NO2-B	1,0	0.01	SI
Fosfatos	mg/L	4500-P-D		0.02	-
Hierro	mg/L	3500-Fe-D	1,0	0.64	SI
Sólidos totales disueltos	mg/L	2540-C	1.000	6.8	SI

Elaborado por: El Autor

De acuerdo al análisis realizado en el laboratorio se determina que en el punto de muestreo N° 02, no cumple, con los límites permisibles descritos en el TULAS, en cuanto a los parámetros de demanda bioquímica de oxígeno. . (Ver anexo foto 12: ----Análisis de laboratorio Punto 2).

En el punto de muestreo número dos el DBO, no cumple con los límites permisibles, esta variable muestra la influencia antropogénica desde el punto de vista de la afección por le presencia de centros urbanos e industriales, siendo el DBO, la cantidad de oxígeno que se requiere para degradar la materia orgánica del agua por medios biológicos, mientras más alto es su valor el agua está más contaminada, por tanto, no permite la vida y desarrollo de los macroinvertebrados, esto puede ser una explicación al bajo número de ejemplares encontrados.

Tabla 7 Resultados de laboratorio punto de muestreo 03

Determinaciones	Unidades	Método	Límite TULAS	Resultados	CUMPLIMIENTO
pH	Und	4500-B	6 – 9	6,24	SI
Conductividad	µSiems/cm	2510-B		19.4	-
DQO	mg/L	5220-C		19.0	-
DBO	mg/L	5210-B	2,0	16	NO
Oxígeno disuelto	mg/L	4500-O-C	No menor a 6 mg/l	5.51	NO
Nitratos	mg/L	4500-NO3-C	10,0	<0.01	SI
Nitritos	mg/L	4500-NO2-B	1,0	0.011	SI
Fosfatos	mg/L	4500-P-D		0.01	-
Hierro	mg/L	3500-Fe-D	1,0	1.49	NO
Sólidos totales disueltos	mg/L	2540-C	1.000	7.7	SI

Elaborado por: El Autor

De acuerdo al análisis realizado en el laboratorio se determina que en el punto de muestreo N° 03, no cumple, con la demanda bioquímica de oxígeno, oxígeno disuelto y hierro, según la normativa TULAS. . (Ver anexo foto 13: ----Análisis de laboratorio Punto 3).

De la misma manera como en los puntos 1 y 2 de muestreo en este punto tampoco cumple con los límites permisibles de DBO, y al ser un parámetro que permite la determinación de los requerimientos de oxígeno para la degradación bioquímica de la materia orgánica en las aguas, su exceso no permite el desarrollo óptimo de la vida acuática.

En el caso de Hierro, el límite permisible es de 1mg/l, y los resultados de laboratorio nos dan un valor de 1,49 mg/l, el exceso de este parámetro no permite el desarrollo de la vida en el agua

Tabla 8 Resultados de laboratorio punto de muestreo 04

Determinaciones	Unidades	Método	Límite TULAS	Resultados	CUMPLIMIENTO
Ph	Und	4500-B	6 – 9	6,04	SI
Conductividad	µSiems/cm	2510-B		29.3	-
DQO	mg/L	5220-C		22.0	-
DBO	mg/L	5210-B	2,0	16.0	NO
Oxígeno disuelto	mg/L	4500-O-C	No menor a 6 mg/l	5.83	NO
Nitratos	mg/L	4500-NO3-C	10,0	<0.01	SI
Nitritos	mg/L	4500-NO2-B	1,0	0.011	SI
Fosfatos	mg/L	4500-P-D		0.25	-
Hierro	mg/L	3500-Fe-D	1,0	1.03	NO
Sólidos totales disueltos	mg/L	2540-C	1.000	11.7	SI

Elaborado por: El Autor

De acuerdo al análisis realizado en el laboratorio se determina que en el punto de muestreo número cuatro, no cumple, con la normativa vigente, en cuanto a la demanda bioquímica de oxígeno, oxígeno disuelto y hierro. . (Ver anexo foto 4: ----Análisis de laboratorio Punto 4).

De la misma manera es este punto de muestreo tampoco se cumple con el DBO, el cual permite el proceso biológico de purificación natural de las aguas, por tanto el agua se encuentra contaminada con materia orgánica, disminuyendo el oxígeno necesario para la vida acuática normal.

En el caso de Oxígeno Disuelto, es la cantidad de oxígeno que está disuelta en el agua. Es un indicador de cómo está contaminada el agua, es decir, que da un soporte a la vida vegetal y animal en ríos, en este punto de muestreo no cumple con los límites permisibles a menor límite permisible algunos peces y macro invertebrados no pueden sobrevivir.

La presencia de hierro, provoca precipitación y coloración no deseada, cuando entra en contacto en este caso con Ríos esta persiste, y no condiciona la adecuada vida de organismos.

6.3   Proponer un plan de manejo en base a la caracterización realizada en el cauce del Río Chichico.

6.3.1   Plan de Manejo Ambiental

a)   Introducción

El Plan de Manejo Ambiental (PMA), constituye un instrumento de gestión que permite planificar, definir y facilitar la aplicación de medidas ambientales destinadas a prevenir, corregir, mitigar y/o compensar los impactos ambientales identificados en la presente investigación, impactos que son generados por las actividades agrícolas, ganaderas y domésticas que realizan a diario los habitantes que viven en el margen del Río Chichico en la parroquia La Tarqui.

b)   Objetivo

Proporcionar a los habitantes de la parroquia La Tarqui, alternativas ambientalmente adecuadas, para la implementación de programas para manejo ambiental, técnico y económicamente viable, el mismo que debe ser socializado y aplicado a la comunidad por las instituciones seccionales con competencia en el área ambiental.

c)   Alcance

El Plan de Manejo Ambiental, presenta una serie de medidas para proteger, recuperar y salvaguardar el recurso agua del Río Chichico, al mismo tiempo concientizar sobre la importancia del cuidado que se debe dar a este recurso, por parte de los habitantes y autoridades de la comunidad de la parroquia La Tarqui.

d)   Programa para la prevención y mitigación ambiental

El desarrollo del presente programa constituye un instrumento básico de gestión ambiental que determina y define las diferentes acciones que permite prevenir, corregir, mitigar y/o compensar los impactos ambientales generados en los diferentes recursos florísticos, faunísticos, paisajísticos, recreativos, turísticos, por la acción de las diferentes actividades humanas que se realizan a diario en la parroquia La Tarqui.

• **Objetivos**

Proponer medidas que permitan prevenir y mitigar los impactos, que generan las diferentes actividades económicas y domésticas por los habitantes de la parroquia La Tarqui.

Cuadro 6 Implantar sistema de control ambiental para efluentes.

Impacto N°1: Contaminación de agua del Río Chichico, por descarga de efluentes de mecánicas, lavadoras, engrasadoras de carros.
Tipo de medida: Prevención y control.
Impacto a controlar: Contaminación de agua del Río Chichico.
Objetivo: Implantar un sistema de control ambiental en las mecánicas, lavadoras, engrasadoras para prevenir la contaminación de agua del Río Chichico.
Acción de mitigación: Las lavadoras deben cumplir con las normas reguladas en la ordenanza municipal para este tipo de actividades, el establecimiento debe disponer de un área completamente cementada, bajo cubierta, con cubetos para evitar derrames de aceites y grasas, canales para recolección de aguas del proceso de lavado, trampas de grasas y un lugar específico para el almacenamiento de residuos, lodos, filtros, etc.

Indicadores de cumplimiento: Número de establecimientos que cumplen con la norma ambiental.	Medios de verificación: Informe de inspecciones por parte de la Unidad de Gestión Ambiental del Municipio.
Responsable de ejecución, control y monitoreo Los responsables de la ejecución de esta medida será el propietario y el Gobierno Municipal del Cantón del Puyo, a través de la Unidad de Gestión Ambiental.	
Presupuesto: **Total:** $ 5.000,00.	

Elaborado por: El Autor.

Cuadro 7 Separar grasas y aceites de efluentes domésticos.

Impacto N°2: Contaminación de agua del Río Chichico, por descarga de efluentes de viviendas ubicadas en el margen del Río.
Tipo de medida: Prevención y control.
Impacto a controlar: Contaminación de agua del Río Chichico.
Objetivo: Separar aceites y grasas de efluentes generados por actividades domésticas para posterior descarga al Río Chichico.
Acción de mitigación: Las viviendas deben disponer de una trampa de grasas, dispositivo para control de aceites y grasas, de ser necesario construir una fosa séptica impermeabilizada.

Indicadores de cumplimiento: Número de viviendas que construyan una trampa de grasas, o una fosa séptica impermeabilizada.	Medios de verificación: Informe de inspecciones por parte de la Unidad de Gestión Ambiental del Municipio.
Responsable de ejecución, control y monitoreo Los responsables de la ejecución de esta medida serán los propietarios de cada vivienda y el control y monitoreo se encargaría el Gobierno Municipal del Cantón del Puyo, a través de la Unidad de Gestión Ambiental.	

Presupuesto: Para implementar la fosa séptica y la trampa de grasas por vivienda **Total:** $ 3.000,00

Elaborado por: El Autor.

e)   Programa para el manejo de desechos (PMD)

El manejo de desechos tiene como objetivo inducir que los desechos sólidos, desechos peligrosos y excedentes sólidos, manejen con un criterio ambiental y ecológico, para no contaminar el Río Chichico y no incumplir con la normativa ambiental vigente, por este motivo, los residuos requieren ser gestionados adecuadamente como se indica en el desarrollo del presente programa.

•   Objetivos

Generar un procedimiento de manejo ambiental, priorizando la minimización de la generación de desechos, fomentando el reciclaje, la reutilización y aprovechamiento de los mismos, y para los desechos especiales y peligrosos proporcionar procedimientos técnicos y administrativos eficaces y seguros para su disposición final.

Cuadro 8 Clasificación de desechos y tipo de contenedores.

Impacto N°3: Contaminación por arrojar desechos al Río Chichico.			
Tipo de medida: Prevención y control			
Objetivo: Clasificar los desechos y almacenar temporalmente en los contenedores sugeridos de acuerdo a la norma NTE INEN 2841:2014			
Acción de mitigación: Para el almacenamiento temporal, los desechos serán depositados de manera separada en contenedores de metal, plástico o fundas e identificados con los siguientes colores según la Norma NTE INEN 2841:2014.			
TIPO	**CARACTERISTICAS**	**DESCRIPCIÓN DE RESIDUOS**	**RECIPIENTE A UTILIZAR**

DESECHOS ORGÁNICOS	Desechos orgánicos susceptibles de compostaje o degradación biológica.	• Desechos de la preparación de alimentos. • Desechos de vegetales • Desechos de frutas • Desechos de cultivos	De metal o plástico color **VERDE**
DESECHOS INORGÁNICOS	Desechos no inertes, no contaminados y susceptibles de reciclaje o re utilización.	Plásticos de polietileno Cartón y papel. Vidrio Madera Metal ferroso Textiles	De metal plástico color **AZUL**
DESECHOS INERTES PELIGROSOS	Materiales de uso peligros por su alto contenido de contaminantes de origen químico.	Textiles contaminados con productos agroquímicos. Aceites lubricantes usados. Recipientes de productos agroquímicos.	De metal o plástico color **NEGRO**
DESECHOS ESPECIALES	Residuos generados en el dispensario médico, de curaciones, heridas, etc.	• Gazas • Jeringuillas. • Medicamentos	

		• Frascos con residuos de medicamento.	De metal o plástico color **ROJO**
Indicadores de cumplimiento: Cantidad de desechos orgánicos, inorgánicos, peligrosos inertes, y especiales			**Medios de verificación:** Registro e informe de inspecciones por parte de la Unidad de Gestión Ambiental del Municipio.

Responsable de ejecución, control y monitoreo

Los responsables de la ejecución de esta medida serán los propietarios de cada vivienda y el control y monitoreo a cargo de Gobierno Municipal del Cantón del Puyo, a través de la Unidad de Gestión Ambiental.

Presupuesto: Para adquirir cuatro contenedores de 0,05 m³
Total: $ 280,00/vivienda.

Elaborado por: El Autor.

Cuadro 9 Elaboración de abono orgánico.

Impacto Nº4: Contaminación por arrojar basura orgánica al Río Chichico.
Tipo de medida: Prevención y control
Objetivo: Eliminar el impacto negativo que la agricultura provoca al Río Chuchico, al medio ambiente y la salud de los trabajadores, mediante la elaboración de abonos orgánicos.
Acción de mitigación: Preparación de un abono fermentado Básico – Tipo "BOCASHI" **Herramientas:** Palas, baldes plásticos, termómetro, manguera para el agua, mascarilla de protección contra el polvo y botas. **Tiempo de duración para fabricarlo:** Normalmente, los agricultores al inicio se demoran para obtener abonos orgánicos fermentados, aproximadamente de 20 a 30 días. **Ingredientes:** • 2 quintales de tierra común seleccionada. • 2 quintales de cascarilla de arroz o de café.

• 2 quintales de gallinaza (aves ponedoras). • 1 quintal de carbón quebrado en partículas pequeñas. • 10 libras de estiércol de cerdos o terneros. • 10 libras de carbonato de calcio o cal agrícola. • 10 libras de tierra negra. • 1 libro de melaza o miel de purga. • 100 gramos de levadura para pan, granulada o en barra. • Agua: de acuerdo a la prueba del puñado y solamente una vez.

Indicadores de cumplimiento:	**Medios de verificación:**
• Peso de abono fermentado. • Tiempo de producción. • Cantidad de materia prima disponible. • Rendimiento del abono orgánico.	Registro e informe de inspecciones por parte de la Unidad de Gestión Ambiental del Municipio.

Responsable de ejecución, control y monitoreo Los responsables de la ejecución de esta medida serán los propietarios de cada vivienda y el control y monitoreo el Gobierno Municipal del Cantón del Puyo, a través de la Unidad de Gestión Ambiental.
Presupuesto: Para elaborar abono fermentado **Total:** $ 6,00/quintal.

Elaborado por: El Autor.

Cuadro 10 Venta de materiales para reciclaje.

Impacto Nº5: Contaminación por arrojar basura inorgánica al Río Chichico.
Tipo de medida: Prevención y control
Objetivo: Obtener benéfico económico por la reutilización o venta de materiales para reciclaje.
Acción de mitigación: En el siguiente cuadro se detalla la lista de desechos que debe ser clasificado para su reutilización o vendido para que sea procesado o reciclado.

Tipo de desecho	Tipo de residuo	Unidad	Precio USD

Papel	Papel	Kg	0,15
	Cartón	Kg	0,10
	Papel periódico	Kg	0,10
Plásticos	Plástico PET	Kg	0,20
	Plástico PEAD	Kg	0,20
	Plástico PEBD	Kg	0,15
	Plástico PP	Kg	0,10
Vidrio	Vidrio	Kg	0,25
Chatarra no ferrosa	Aluminio	Kg	1,80
	Bronce	Kg	5,00
	Cobre	Kg	5.00
Chatarra ferrosa	Cualquier metal	Kg	2,80

Indicadores de cumplimiento:	**Medios de verificación:** Registro e informe de inspecciones por parte de la Unidad de Gestión Ambiental del Municipio.
<ul><li>Cantidad de basura clasificada.</li><li>Cantidad de basura vendida.</li><li>Cantidad de recursos económicos generados.</li></ul>	

Responsable de ejecución, control y monitoreo

Los responsables de la ejecución de esta medida serán los propietarios de cada vivienda y el control y monitoreo el Gobierno Municipal del Cantón del Puyo, a través de la Unidad de Gestión Ambiental.

Presupuesto: Para adecuar un área para la venta de material reciclable

Total: $ 5000,00/reciclador.

Elaborado por: El Autor.

## f)	Programa para capacitación

El programa de capacitación ambiental se constituye en una construcción social e instrumento de transformación donde se inserta; que proporciona herramientas para el cambio de actitudes y comportamientos de los habitantes de la parroquia La Tarqui, para una sociedad más igualitaria, equitativa y democrática que permita potenciar ciudadanos activos e impulsores de cambios, que hagan posible la sostenibilidad de los recursos naturales.

- **Objetivos**

Contribuir al fortalecimiento organizativo y responder a la necesidad de generar capacidades para la adaptación de conocimientos técnicos de gestión ambiental a los habitantes de la parroquia La Tarqui, a sus funcionarios y autoridades para contribuir a la conservación del Río Chichico.

Cuadro 11 Capacitación a la población de la parroquia La Tarqui.

Impacto N°6: Desconocimiento de instrumentos de gestión ambiental
Tipo de medida: Prevención
Objetivo: Capacitar a la población que vive específicamente en el margen del Río Chichico, para que existe una mejor vinculación entre la comunidad y las autoridades de control, para lograr una gestión ambiental eficiente. **Acción de prevención:** Esta formación enfocará actividades tanto de conservación como de mejoramiento de los recursos existentes en la ribera del Río Chichicos.

Contenido	Temas
Prohibiciones	Tala de árboles al margen del rio
Manejo de cuencas	Manejo integrado de cuencas hidrográficas.
Plan de Manejo Ambiental	Conocimiento de Plan de Manejo Ambiental y su contenido.
Estándares Ambientales	Medio Ambiente, concepto y definiciones
	Protección Ambiental, PMA y minimización de impactos.
	Manejo y tratamiento de desechos sólidos y líquidos.
	Legislación ambiental vigente.

Indicadores de cumplimiento: Número de cursos y talleres realizados.	Medios de verificación: Registro de asistentes e informe de cursos, talleres

Responsable de ejecución, control y monitoreo

Los responsables de la ejecución de esta medida será la población y controlado por el Gobierno Municipal del Cantón del Puyo, a través de la Unidad de Gestión Ambiental.

Presupuesto: Para capacitación de 100 personas en un día.
Total: $ 2500,00/día.

Elaborado por: El Autor.

g)   Plan de rehabilitación de áreas afectadas

Las medidas a aplicarse en el plan de rehabilitación, consisten en un conjunto de prácticas para recuperar las áreas afectadas facilitando la revegetación natural de las especies y la posterior recuperación del hábitat, restituyendo no solo el paisaje, la cobertura vegetal sino además garantizando la estabilidad del ecosistema.

• Objetivos

Restaurar la vegetación de las áreas que se encuentran cerca al margen del rio de modo que pueda obtenerse un equilibrio ecológico compatible con los estándares y metas establecidas en las normas de calidad ambiental de acuerdo al marco legal ambiental vigente en el país.

Cuadro 12 Producción de plantas.

Impacto N°7: Áreas degradadas al margen del Río Chichico
Tipo de medida: Mitigar
Objetivo: Producción de plantas para la revegetación de áreas degradadas que se encuentra al margen del Río Chichico.
Acción de prevención: Producción de plantas de diferentes especies para la revegetación de las áreas intervenidas. El proceso de revegetación se aplicará en todas las áreas descubiertas, dando especial énfasis al margen del Río Chichico. **Herramientas** • Cinta para marcaje • Guantes • Pala de desfonde • Azadón - pico • Barras • Machete • Tijera de poda **Los métodos de siembra manuales son:**

Siembra en tresbolillo: Forma de siembra de especies arbóreas o arbustivas que se aplica en terrenos de pendiente media a fuerte y significa intercalar hileras de árboles para formar un triángulo.

Siembra en Surcos: con herramienta manual (azadón), trazar surcos en una misma curva de nivel de 40 cm de profundidad, distanciado 40 cm del siguiente surco, el suelo sobrante queda como espaldón del surco. Se siembra la planta de árbol o arbusto en el espaldón.

Estacas vivas: Estacas obtenidas de árboles o arbustos que se siembran por hoyado a distancias mayores que 50 cm.

Producción de plantas en viveros para revegetación con especies forestales

Para la propagación y acopio de especies forestales se tendrá viveros, cuyo tamaño depende de la capacidad de plantas a producirse.

Se recomienda viveros con nivel de producción anual de 20000 plantas al año.

El transporte de plantas desde viveros debe realizarse en cajas (fundas de cada planta acomodada o con pan de tierra cuando se producen en plantabanda), no amontonadas.

Las plantas deben ser movidas sosteniéndolas desde la base, se prohíbe agarrarlas por el tallo.

La altura óptima de las plantas en fundas plásticas es de 30 cm y en plantabanda es de 80 cm.

Verificar que las hojas estén sanas y con buen follaje, libres de plagas o enfermedades.

Indicadores de cumplimiento:	**Medios de verificación:**
Número de especies forestales producidas	Registro de producción y reforestación e informes.
Número de especies reforestadas.	

Responsable de ejecución, control y monitoreo

Los responsables de la ejecución de esta medida será el Gobierno Municipal del Cantón del Puyo, a través de la Unidad de Gestión Ambiental.

Presupuesto: Para producción de plantas forestales en viveros para iniciar con una producción de 20.000 plantas al año de una sola especie.

Total: $ 1.200,00/año.(0,60 cts/plántula)

Elaborado por: El Autor

h)   Programa para Monitoreo Ambiental

Un plan de seguimiento y monitoreo ambiental deberá contener, de ser el caso, para cada fase del proyecto o actividad, el componente del medio ambiente que será objeto de medición y control; el impacto ambiental asociado; la ubicación de los puntos de control; los parámetros que serán utilizados para caracterizar el estado y evolución de dicho componente; los límites permitidos; la duración del plan de seguimiento para cada parámetro; el procedimiento de medición de cada parámetro; así como también el plazo y frecuencia de entrega de los informes del plan de seguimiento a los respectivos organismos que tengan la competencia y cualquier otro aspecto importante.

Durante las actividades del proyecto se deberá realizar el respectivo monitoreo ambiental, con el objeto de asegurar que las operaciones realizadas no afecten, en forma significativa, al medio ambiente.

* **Objetivo**

Desarrollar un programa de monitoreo ambiental que permitirá la evaluación periódica, integrada y permanente de la dinámica de las variables ambientales, tanto a nivel de medio ambiente natural como medio socioeconómico y cultural, con el fin de suministrar información precisa y actualizada para la toma de decisiones orientadas a la conservación y uso sostenible del Río Chichico.

Cuadro 13 Control y monitoreo ambiental.

Impacto N°8: Incumplimiento de normas ambientales.
Tipo de medida: Controlar y Mitigar
Objetivo: Evaluar periódicamente cada uno de los programas ambientales para controlar la preservación der Río Chichico.

Acción de prevención:
Programa para prevención y mitigación ambiental: Control de calidad de agua anual
Programa para el manejo de desechos (PMD): Reportes diarios de producción y ventas de residuos reciclables y abonos orgánicos.
Programa para capacitación ambiental: Reportes y registros de cursos de capacitación cada 2 meses.
Programa para rehabilitación de áreas afectadas: Reporte de producción de cantidad de plantas producidas cada semestre.
Programa para Monitoreo Ambiental: Reportes sistematizados de todos los programas anualmente.

Indicadores de cumplimiento: Número de programas monitoreados.	**Medios de verificación:** Registro de seguimiento y monitoreo e informes.
Responsable de ejecución, control y monitoreo Los responsables de la ejecución de esta medida será el Gobierno Municipal del Cantón del Puyo, a través de la Unidad de Gestión Ambiental.	
Presupuesto: para la ejecución del programa de control y monitoreo ambiental. **Total:** $ 5.000,00/año.	

Elaborado por: El Autor

Desglose de presupuesto

El siguiente resumen es de todos los Programas que contiene el presente Plan de Manejo Ambiental, rubros que están presupuestados para un periodo anual.

Tabla 9 Desglose de presupuesto para el Plan de Manejo Ambiental

N°	DESCRIPCIÓN	PRESUPUESTO REFERENCIAL
1	Programa para prevención y mitigación ambiental	$ 8.000,00
2	Programa para el manejo de desechos (PMD)	$ 5.283,00
3	Programa para capacitación ambiental	$ 15.000,00
4	Programa para rehabilitación de áreas afectadas	$ 500,00
5	Programa para Monitoreo Ambiental	$ 5,000,00
	TOTAL	**$ 33.283,00**

Elaborado por: El Autor

G. DISCUSIONES

7.1 Identificar la presencia de macro invertebrados en cuatro puntos del Río Chichico.

Carrera Reyes & Fierro Peralbo (2001), manifiestan que los macroinvertebrados proporcionan excelentes señales sobre la calidad del agua, y al usarlos en el monitoreo, puede entenderse claramente el estado en que ésta se encuentra: algunos de ellos requieren agua de buena calidad para sobrevivir; otros, en cambio, resisten, crecen y abundan cuando hay contaminación, esto determina que el muestreo realizado en el río Chichico, se identificaron 261 especímenes repartidas en 5 ordenes con 20 familias, como: Baetidae, Ceratopogonidae, Chironomidae, Corydalidae, Elmidae, Euthyplociidae, Glossosomatidae, Hydrobiosidae, Hydropsychidae, Hirudinea, Leptoceridae, Leptohyphidae, Leptophlebiidae, Oligoneuridae, Oligochaeta, Perlidae, Philopotamidae Psephenidae, Ptilodactylidae y Pyralidae. Al aplicar el índice EPT (Ephemeroptera, Plecoptera, Trichoptera); según Carrera Reyes & Fierro Peralbo (2001), son indicadores de la calidad del agua porque son más sensibles a los contaminantes., estos grupos son: Ephemeroptera o moscas de mayo, Plecoptera o moscas de piedra y Trichoptera, estableciendo que como indicadores de calidad de agua, en los dos primero puntos de muestreo el agua es buena, mientras que en los dos últimos puntos de muestreo el agua es regular, por tanto y al considerar que los macroinvertebrados tiene cierta sensibilidad a los contaminantes, el ambiente en que se desarrollan las familias de macroinvertebrados encontrados en el Río Chichico no es de óptima calidad.

7.2 Evaluar la calidad del recurso hídrico en función de los resultados encontrados.

Los resultados del análisis EPT dan una certeza de que en la parte baja de la micro cuenca del Río Chichico, el agua es de calidad regular, esto se debe a las numerosas descargas del pueblo al margen del río, sabiendo que en el Texto Unificado de Legislación Ambiental Secundario, Libro VI, sobre agua de consumo humano y doméstico, existen valores que no cumplen con los límites máximos permisibles.

El parámetro que más determina la calidad de agua para la propagación de macroinvertebrados es la Demanda Bilógica de Oxigeno (DBO), cantidad de oxígeno que los microorganismos, especialmente bacterias (aeróbias o anaerobias facultativas: Pseudomonas, Escherichia, Aerobacter, Bacillius), hongos y plancton, consumen durante la degradación de las sustancias orgánicas contenidas en la muestra; según LLORÉS (2005) "El agua rica en materia orgánica puede ser causante de contaminación, siendo preocupante que dado a la valoración según el Texto Unificado de Legislación Ambiental Secundario (TULAS), tanto en el punto 03 y 04 de muestreo el DBO es de 16 mg/l, siendo el límites máximos permisibles de 2 mg/l, por tanto no cumple con lo establecido en la legislación, por ende siendo el DBO un parámetro indispensable para la calidad del agua de ríos, lagos, lagunas o efluentes, no es apta para la supervivencia y el desarrollo de los macroinvertebrados, así como para el consumo humano y doméstica de la población aledaña. Determinándose que las bajas poblaciones de macroinvertebrados con el índice EPT (Ephemeroptera, Plecoptera, Trichoptera), es por la intolerancia a la perturbación antropogénica.

7.3 Proponer un Plan de Manejo en base a la caracterización realizada en el cauce del Río Chichico.

Ante los resultados obtenidos en la presente investigación, es preciso establecer medidas correctivas, en los cuales contempla programas que ayudan a mejorar las condiciones ambientales y por ende la calidad de agua del Río Chichico; el Plan de Manejo Ambiental propuesto está orientado a prevenir, mitigar y controlar todos los impactos negativos generados por actividad antropogénica en el Río Chichico, tras la aplicación de los programas de: mitigación, capacitación, vigilancia y monitoreo, donde se incluyen actividades más importantes al manejo del efluente como a la preservación de macroinvertebrados en la zona; según el Texto Unificado de Legislación Secundaria del Medio Ambiente (TULSMA), en su Libro VI, el Plan de Manejo Ambiental, permite establecer las acciones que se requieren para prevenir, mitigar, controlar, compensar y corregir los posibles efectos o impactos ambientales negativos causados en desarrollo de un proyecto, obra o actividad; incluye también los planes de seguimiento, evaluación y monitoreo y los de contingencia.

H. CONCLUSIONES

- Mediante la utilización del índice biótico para medir calidad de agua del río Chichico, se obtuvieron datos de contaminación agrícola y orgánica, determinando la calidad biológica general del agua, según la composición taxonómica de los macroinvertebrados acuáticos.

- Por medio del índice EPT (Ephemeroptera, Plecoptera, Trichoptera), ayudo a determinar que el río Chichico, presentan mayor impactos de contaminación que afectan a las comunidades de las familias de estos órdenes, por ende la calidad de agua es regular, esto se debe a las numerosas descargas de las viviendas que se encuentran al margen del río.

- Los parámetros fisicoquímicos analizados en el río Chichico, indican que la calidad del agua es regular, esto coincide con el resultado del Indice EPT, resultado que se asume por la alta carga de materia orgánica; agua que no es apta para la supervivencia y el desarrollo de los macroinvertebrados, así como para el consumo humano y doméstico de la población aledaña.

- Los resultados fisicoquímicos y biológicos obtenidos en el presente estudio es de gran utilidad para la evaluación de la calidad de agua del río Chichico, en especial por el uso de bioindicadores acuáticos como una herramienta de fácil aplicación, bajo costo y con resultados eficientes.

- El estudio sirve para la creación de una base de datos fundamental para conocer la composición de las comunidades de la biodiversidad acuática de macroinvertebrados en el río Chichico parroquia La Tarqui.

- No existen estudios similares, carecen de un Plan de Manejo Ambiental, plan que, de manera detallada, establece programas para prevenir, mitigar, controlar, compensar y corregir los posibles efectos o impactos ambientales causados por las diferentes actividades económicas y domésticas producidas por los habitantes que viven al margen del río Chichico.

I. RECOMENDACIONES

- Promover el uso de esta metodología en las cuencas, subcuencas y microcuencas de nuestra región, para enriquecer el listado de familias y géneros de la región y así conocer mejor los valores de tolerancia y sensibilidad de estos a diferentes niveles de contaminación.

- Integrar el uso de macroinvertebrados acuáticos en estudios de calidad de agua a la Carrera de Ingeniería en Manejo y Conservación del Medio Ambiente, contando con personal técnico calificado para la identificación taxonómica y así aportar a esta tecnología creciente y popular en el área ambiental.

- Proponer un programa de manejo de desechos orgánicos e inorgánicos, de esta manera se controlara la contaminación al Río Chichico.

- La construcción de dispositivos para la separación de grasas y aceites de origen doméstico y de establecimientos de servicio, de esta manera recuperar y preservar el recurso hídrico y a la vez sea aprovechado por sus pobladores para la agricultura, turismo y consumo humano.

- Proponer un Plan de Manejo Ambiental, instrumento de gestión para el manejo adecuado de los recursos naturales en el Río Chichico, en la parroquia La Tarqui de la ciudad del Puyo, el cual consta de ocho programas que deben ser socializados y ejecutados conjuntamente con los pobladores y autoridades del Municipio del Puyo.

J. BIBLIOGRAFÍA

(FAO)2005. (s.f.). CIENCIA POLULAR.COM. Obtenido de http://www.cienciapopular.com/ecologia/deforestacion-mundial

SMITH, R. L., & SMITH , T. (2007). Ecología Sexta Edición (Madrid ed.). Sexta Edicion: ADDISON-WESLEY.

(FAO)2005. (s.f.). CIENCIA POLULAR.COM. Obtenido de http://www.cienciapopular.com/ecologia/deforestacion-mundial

(2005). En A. V. ESPINOZA G, Fundamentos de Evaluacion de Impactos Ambientales. Santiago - Chile.

2005, O. d. (1 de ENERO de 2007). CIENCIA POPULAR.COM. Recuperado el 12 de MARZO de 2014, de http://www.cienciapopular.com/ecologia/deforestacion-mundial

2010, M. (2010). Aprovechamiento de los Recursos Forestales 2007-2009. Quito-Ecuador.

BARBA, L. E. (2005). CONCEPTOS BÁSICOS DE LA CONTAMINACIÓN DEL AGUA Y PARÁMETROS DE MEDICIÓN. Obtenido de www.bvsde.paho.org/bvsaar/e/fulltext/gestion/conceptos.pdf

BARBER, H. e. (2008). Global Diversity of Mayflies (Ephemeroptera,Insecta) in Freshwater. Obtenido de http://link.springer.com/content/pdf/10.1007%2Fs10750-007-9028-y

Biosfera Gestion Ambiental. (12 de 2009). Estudio de Impacto Ambiental Ex- Post Centro de acopio de cilindros de GLP-Esmeraldas. Recuperado el 02 de 07 de 2014, de http://www.biosfera.com.ec/fckeditor_upload/File/BIOSFERA/PETROCOMERCIAL/CAP_VIII.pdf

Boxshall, G. A. (2006). La expolracion de la biodivercidad Marina, desafios Cientificos y Tegnologicos.

Bromley, W. y. (2005). metodologia de Evaluacion de Impacto Ambiental.

Bustos F. (2010). Manual de Gestion y Control Ambiental (Tercera ed.). Ecuador: R.N Industria Grafica.

carrera reyes, c., & fierro peralbo, k. (2005). Los macro invertebrados como indicadores de la calidad del agua. Quito.

Clara, M. R. (2005). Análisis de la calidad del agua para consumo humano y percepción local de las tecnologías apropiadas para su desinfección a escala domiciliaria, en la microcuenca El Limón, San Jerónimo, Honduras.

clau. (s.f.). contaminates dela gua . Obtenido de http://html.contaminacion-del-agua_11.html

CLIRSEN . (2005).

CORMA. (2005). 31.

DAJOZ, R. (2005). TRATADO DE ECOLOGIA (2ª ED.) (Vol. Segundo). MUNDI-PRENSA LIBROS, S.A.

Domínguez, E. &. (2009). Macroinvertebrados bentónicos sudamericanos. Sistemática y Biología. Argentina.

ECOLAP y MAE. (2007). Guía del Patrimonio de Áreas Naturales Protegidas del Ecuador. Quito: IGM.

FAO. (2005). Obtenido de https://www.oas.org/DSD/publications/Unit/oea19s/ch008.htm

FAO. (2005). Obtenido de https://www.oas.org/DSD/publications/Unit/oea19s/ch009.htm# 3.2%20madera%20aserrada

FERNANDEZ-VITORA, V. C. (2005). "GUIA METODOLOGICA PARA LA EVALUACION DEL IMPACTO AMBIENTAL" (segunda edicion ed.). Madrid-España: MUNDI-PRENSA.

Figueroa, R. V. (2005). Macroinvertebrados bentónicos como indicadores de calidad de chile. Revista Chilena de Historia Natural, 275-285.

GORDILLO, O. (07 de 12 de 2009). Ecología del Ecuador. Recuperado el 26 de 10 de 2011, de http://ogordillo.blogspot.com/2008/09/ecologa-para-estudiantes-de-turismo.html

GRIJALVA, T., & OTALVARO, J. (2010). Zonificación Ecológica - Ambiental del Cantón Pimampiro. Ibarra.

GUARANDA, W. (16 de 11 de 2009). Fundación Regional de Asesoría en Derechos Humanos. Recuperado el 26 de 10 de 2011, de Auntes sobre la actividad petrolera: http://www.inredh.org/index.php?option=com_content&view=a rticle&id=288%3Aexplotacion-petrolera-en-el-ecuador&Itemid=126

Guerrero, I. L. (2005). EVALUACIÓN DE IMPACTOS AMBIENTALES Y PROPUESTA DEL.

Gutiérrez, P. (2010). Plecoptera. Obtenido de Revista de Biología Tropical: http://www.scielo.sa.cr/scielo.php?script=sci_arttext&pid=S003 4-77442010000800006&lng=es&nrm=iso>. ISSN 0034-7744.

Holzenthal, R. B. (2007). Order Trichoptera Kirby. Obtenido de Linnaeus Tercentenary: Progress in Invertebrate: http://www.revistas.ucr.ac.cr/index.php/rbt/article/view/5413/51 59

Irene Campos Gómez, U. E. (s.f.). Saneamiento Ambiental. EUNED.

leopold. (2005).

libro 6. (2008). Quito.

Lloret, P. (2005). Sistemas de Capacitacion para el Manejo de los Recursos Naturales. Recuperado el 20 de Enero de 2014, de Gestión de Cuencas Hidrográficas:

http://www.avina.net/esp/wp-content/uploads/2013/03/MODULO-5-OK.pdf

Ministerio del Ambiente, V. y. (2006). Fontaneria Rural. Recuperado el 21 de Enero de 2014, de Programa Cultura Empresarial 9: http://www.avina.net/esp/wp-content/uploads/2013/03/MODULO-5-OK.pdf

Ministerio Federal de Coorperacion Economica y Desarrollo (BMZ). (2005). Guia de Proteccion Ambiental (Vol. tomo II). Alemania.

MINISTERIO, D. A. (2005). Bosque Protector "Tsuraku o Arutam". Quito: MAE.

Murillo, O., villanueva, A., r, h., Heredia, S., Ojeda, A., Martinez, S., & Alcantara, I. (2009). El Perifiton de un lago hiposalino hipereutrófico en Michoacán. mexico.

NAREDO, J., & PARRA, F. (2005). Hacia una ciencia de los recursos naturales. Madrid: Siglo XXI.

Nogales, S. R. (2005). EVALUACIÓN DE IMPACTOS AMBIENTALES Y PROPUESTA DEL PLAN DE MANEJO AMBIENTAL DEL PROYECTO DE RIEGO AMBUQU.

OMS. (2005). Guías para la Calidad de Agua Potable. Recuperado el 05 de Febrero de 2014

OMS. (2005). Manual de prevencion de Enfermedades Producidas por la Contaminación del Agua. Recuperado el 04 de Febrero de 2014, de file:///C:/Users/USUARIO/Downloads/Calidad%20de%20Servicio%20del%20Agua%20Potable%20en%20la%20Ciudad%20de%20Portovi%20.pdf

ORBE, A. P. (2009). Análisis de la inhibición de las arcillas reactivas y lutitas inestables de las formaciones Orteguanza, Tiyuyacu, Tena y Napo (Shale) con fluidos base amina en un campo del oriente ecuatoriano. Quito: Universidad Politécnica Nacional.

Othón, Z. M. (2005). La calidad y Servicios de Agua Potable en Portoviejo. Recuperado el 27 de Enero de 2014, de www.ozpatra@ecua.net.ec

PACHECO, J. X. (2010). Fallas Geológicas en el Ecuador. Loja: Universidad Técnica Particular de Loja.

Perez, A., & Rodriguez, A. (2008). Indice fisicoquímico de la calidad de agua para el manejo de lagunas tropicales de inundación. Revista Biologica Tropical, 56.

Pérez, L. B. (2004). Gestión de recursos hídricos.

Porras. (2005). Arte Rupestre Alto Napo-Valle del Misahualli,. Quito, Ecuador : Artes Graficas Señal Impreseñal Cia. Ltda.

prezi. (2005). Recuperado el 28 de abril de 2014, de http://prezi.com/aruhmiq2c4gb/biota-en-recursos-hidricos/

Restrepo Claudia, P. (2008). Agua, salud y vida. Ministerio del Ambiuente, Vivienda. Recuperado el 02 de Febrero de 2014, de Viceministerio de Agua y Saneamiento: http://www.avina.net/esp/wp-content/uploads/2013/03/MODULO-5-OK.pdf

RIVADENEIRA, B. (2005). La Cuenca Oriente: Estilo tectónico, Etapas de deformación y características geológicas de los principales campos de Petroproducción. . Quito: Escuela Politécnica Nacional.

Roldán, G. &. (2008). Fundamentos de Limnología Neotropical (2da Edición).

SENPLADES - CAF. (2005). Plan Estratégico para la Reducción del Riesgo en el Territorio Ecuatoriano. Quito: SENPLADES - CAF.

SIERRA, R. (2005). Propuesta Preliminar de un sistema de Clasificación de Vegetación para el Ecuador Continental. Quito: Proyecto INEFAN/GEF-BIRF y EcoCiencia.

Springer, M. (2010). Trichoptera. Revista de Biología Tropical , 150-152.

TULAS. (2010). Libro VI, Norma de la Calidad Ambiental y Descarga de Efluenetes: Recurso Agua.

UNESCO, F. . (2005). Clasificación Mundial de Suelos. FAO.

V. CONESA FDEZ - VÍTORA. (2010). Guía Metodologica para la Evaluacion del Impacto Ambiental (4ª - 2010 ed.). Madrid-España: Grupo Mundil-Prensa.

V.G.G, a. (11 de 03 de 2003). MIMOSA.PCNTICMES.ES. Obtenido de http://mimosa.pntic.mec.es/vgarci14/index.htm

VI, T. L. (2010). Norma de la Calidad Ambiental y Descarga de Efluenetes: Recurso Agua.

WINCKELL, A., & ZEBROESKI, C. (2005). Los Paisajes Naturales de Ecuador. Las Regiones y Paisaje del Ecuador. Quito: IPGH .

WINCKELL, A., & ZEBROWSKI, C. (2005). Los Paisajes Naturales de Ecuador. Las regiones y paisajes del Ecuador. Quito: IPGH.

ZAPATA, R. (2006). Universidad Nacional de Colombia- Sede Medellín. Recuperado el 27 de 10 de 2011, de Química de los procesos pedogenéticos:

K. ANEXOS

Tabla 10

<table>
<tr><td colspan="6" align="center">UNIVERSIDAD NACIONAL DE LOJA
PLAN DE CONTINGENCIA
CARRERA DE INGENIERÍA EN MANEJO Y CONSERVACIÓN DEL MEDIO AMBIENTE</td></tr>
<tr><td>Hoja de campo:</td><td></td><td></td><td></td><td></td><td></td></tr>
<tr><td>Sitio de colección:</td><td></td><td></td><td></td><td></td><td></td></tr>
<tr><td>Nombre del río:</td><td></td><td></td><td></td><td></td><td></td></tr>
<tr><td>Fecha de colección:</td><td></td><td></td><td>Coordenadas:</td><td>x</td><td>y</td></tr>
<tr><td>Técnico a cargo:</td><td></td><td></td><td></td><td></td><td></td></tr>
</table>

CLASIFICACIÓN	ABUNDANCIAS (NÚMERO DE INDIVIDUOS)	EPT PRESENTES
Anisoptera		
Bivalvia		
Baetidae		
Ceratopogonidae		
Chironomidae		
Corydalidae		
Elmidae		
Euthyplociidae		
Gastropoda		
Glossosomatidae		
Gordioidea		
Hirudinea		
Hydrachnidae		
Hydrobiosidae		
Hydropsychidae		
Leptoceridae		
Leptohyphidae		
Leptophlebiidae		
Naucoridae		
Oligochaeta		
Oligoneuridae		
Perlidae		
Philopotamidae		
Psephenidae		
Ptilodactylidae		
Pyralidae		
Simuliidae		
Tipulidae		
Turbellaria		
Veliidae		
Zygoptera		
Otros grupos		
TOTAL:		

CALIDAD DE AGUA
75 - 100% Muy buena
50 - 74% Buena
25 - 49% Regular
0 - 24% Mala

Índice ETP

ANEXOS FOTOGRAFÍCOS

Foto 2

Primer punto de muestreo

Foto 3

Segundo punto de muestreo

Foto 4

Tercer punto de muestreo

Foto 5

Cuarto punto de muestreo

Foto 6

Recolección de la muestra de Agua

Foto 7

Toma de muestra de Agua

Entrega de muestras en el laboratorio (ESPOCH)

Foto 9

Recolección de macro invertebrados

Recolección de macro invertebrados con la red Surber

Printed by Books on Demand GmbH, Norderstedt / Germany